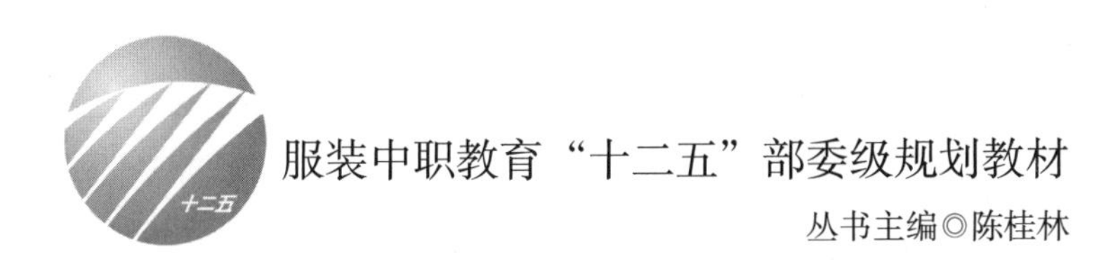

服装中职教育“十二五”部委级规划教材

丛书主编◎陈桂林

服装画

主　　编　吕钊

副 主 编　郝蕾　张雷

中国纺织出版社

内 容 提 要

本书结合实际教学详细讲解了服装画的基础知识、学习方法、练习步骤、不同材料的表现技法及服装画计算机设计软件的应用等内容。全书内容丰富，图文并茂，图例新颖，表现技法风格多样且附有课前、课后练习，具有较强的实操性，适合中等职业学校服装专业师生和广大服装设计专业人员及爱好者学习、参考。

图书在版编目（CIP）数据

服装画 / 吕钊主编．—北京：中国纺织出版社，2014.7
服装中职教育“十二五”部委级规划教材
ISBN 978-7-5180-0354-9

Ⅰ.①服… Ⅱ.①吕… Ⅲ.①服装—绘画技法—中等专业学校—教材 Ⅳ.①TS941.28

中国版本图书馆 CIP 数据核字（2014）第 096254 号

策划编辑：华长印　　责任编辑：张　祎　　责任校对：寇晨晨
责任设计：何　建　　责任印制：储志伟

中国纺织出版社出版发行
地址：北京市朝阳区百子湾东里A407号楼　邮政编码：100124
销售电话：010—87155894　传真：010—87155801
http://www.c-textilep.com
E-mail:faxing@c-textilep.com
官方微博http://weibo.com/2119887771
北京佳信达欣艺术印刷有限公司印刷　各地新华书店经销
2014年7月第1版第1次印刷
开本：787×1092　1/16　印张：11.5
字数：96千字　定价：39.80元

服装中职教育“十二五”部委级规划教材

一、主审专家（排名不分先后）

清华大学美术学院　肖文陵教授

东华大学服装与艺术设计学院　李俊教授

武汉纺织大学服装学院　熊兆飞教授

湖南师范大学工程与设计学院　欧阳心力教授

广西科技职业学院　陈桂林教授

吉林工程技术师范学院服装工程学院　韩静教授

中国十佳服装设计师、中国服装设计师协会副主席　刘洋先生

二、编写委员会

主　任：陈桂林

副主任：冀艳波　张龙琳

委　员：（按姓氏拼音字母顺序排列）

暴　巍　陈凌云　胡　茗　胡晓东　黄珍珍　吕　钊

李兵兵　雷中民　毛艺坛　梅小琛　屈一斌　任丽红

孙鑫磊　王威仪　王　宏　肖　红　余　朋　易记平

张　耘　张艳华　张春娥　张　雷　张　琼　周桂芹

出版者的话

《国家中长期教育改革和发展规划纲要》（简称《纲要》）中提出“要大力发展职业教育”。职业教育要“把提高质量作为重点。以服务为宗旨，以就业为导向，推进教育教学改革。实行工学结合、校企合作、顶岗实习的人才培养模式”。为全面贯彻落实《纲要》，中国纺织服装教育学会协同中国纺织出版社，认真组织制订“十二五”部委级教材规划，组织专家对各院校上报的“十二五”规划教材选题进行认真评选，力求使教材出版与教学改革和课程建设发展相适应，并对项目式教学模式的配套教材进行了探索，充分体现职业技能培养的特点。在教材的编写上重视实践和实训环节内容，使教材内容具有以下三个特点：

（1）围绕一个核心——育人目标。根据教育规律和课程设置特点，从培养学生学习兴趣和提高职业技能入手，教材内容围绕生产实际和教学需要展开，形式上力求突出重点，强调实践。附有课程设置指导，并于章首介绍本章知识点、重点、难点及专业技能，章后附形式多样的思考题等，提高教材的可读性，增加学生学习兴趣和自学能力。

（2）突出一个环节——实践环节。教材出版突出中职教育和应用性学科的特点，注重理论与生产实践的结合，有针对性地设置教材内容，增加实践、实验内容，并通过多媒体等形式，直观反映生产实践的最新成果。

（3）实现一个立体——开发立体化教材体系。充分利用现代教育技术手段，构建数字教育资源平台，部分教材开发了教学课件、音像制品、素材库、试题库等多种立体化的配套教材，以直观的形式和丰富的表达充分展现教学内容。

教材出版是教育发展中的重要组成部分，为出版高质量的教材，出版社严格甄选作者，组织专家评审，并对出版全过程进行跟踪，及时了解教材编写进度、编写质量，力求做到作者权威、编辑专业、审读严格、精品出版。我们愿与院校一起，共同探讨、完善教材出版，不断推出精品教材，以适应我国职业教育的发展要求。

中国纺织出版社
教材出版中心

序

为深入贯彻《国务院关于加大发展职业教育的决定》和《国家中长期教育改革和发展规划纲要（2010—2020年）》，落实教育部《关于进一步深化中等职业教育教学改革的若干意见》、《中等职业教育改革创新行动计划（2010—2012年）》等文件精神，推动中等职业学校服装专业教材建设，在中国纺织服装教育学会的大力支持下，中国纺织出版社联袂北京轻纺联盟教育科技中心共同组织全国知名服装院校教师、企业知名技术专家、国家职业鉴定考评员等联合组织编写服装中职教育“十二五”部委级规划教材。

一、本套教材的开发背景

从2006年《国务院关于大力发展职业教育的决定》将“工学结合”作为职业教育人才培养模式改革的重要切入点，到2010年《国家中长期教育改革和发展规划纲要 2010—2020年 》把实行“工学结合、校企合作、顶岗实习”的培养模式部署为提高职业教育质量的重点，经过四年的职业教育改革与实践，各地职业学校对职业教育人才培养模式中的宏观和中观层面的要求基本达成共识，办学理念得到了广泛认可。当前职业教育教学改革应着力于微观层面的改革，以课程改革为核心，实现实习实训、师资队伍、教学模式的改革，探索工学结合的职业教育特色，培养高素质技能型人才。

同时，由于中国服装产业经历了三十多年的飞速发展，产业结构、经营模式、管理方式、技术工艺等方面都产生了巨大的变革，所以传统的服装教材已经无法满足现代服装教育的需求，服装中职教育迫切需要一套适合自身模式的教材。

二、当前服装中职教材存在的问题

1. 服装专业现用教材多数内容比较陈旧，缺乏知识的更新。甚至部分教材还是七八十年代出版的。服装产业属于时尚产业，每年都有不同的流行趋势。再加上近几年服装产业飞速地发展，设备技术不断地更新，一成不变的专业教材，已经不能满足现行教学的需要。

2. 教材理论偏多，指导学生进行生产操作的内容太少，实训实验课与实际生产脱节，导致整体实用性不强，使学生产生“学了也白学”的想法。

3. 专业课之间内容脱节现象严重，缺乏实用性及可操作性。服装设计、服装制板、服装工艺教材之间的知识点没有得到紧密地关联，款式设计与版型工艺之间没有充分地结合和对应，并且款式陈旧，跟不上时尚的步伐，所以学生对制图和工艺知识缺乏足够的认识及了解，设计的款式只能单纯停留在设计稿上。

三、本套教材特点

1. 体现了新的课程理念

本书以“工作过程”为导向，以职业行动领域为依据确定专业技能定位，并通过以实际案例操作为主要特征的学习情境使其具体化。“行动领域→学习领域→学习情境”构成了该书的内容体系。

2. 坚持了“工学结合”的教学原则

本套教材以与企业接轨为突破口，以专业知识为核心内容，争取在避免知识点重复的基础上做到精练实用。同时理论联系实际、深入浅出，并以大量的实例进行解析。力求取之于工，用之于学。

3. 教材内容简明实用

全套教材大胆精简理论推导，果断摒弃过时、陈旧的内容，及时反映新知识、新技术、新工艺和新方法。教材内容安排均以能够与职业岗位能力培养结合为前提。力求通过全套教材的编写，努力为中职教育教学改革服务，为培养社会急需的优秀初级技术型应用人才服务。同时考虑到减轻学生学习负担，除个别教材外，多数教材都控制在20万字左右，内容精练、实用。

本套教材的编写队伍主要以服装院校长期从事一线教学且具有高级讲师职称的老师为主，并根据专业特点，吸收了一些双师型教师、知名企业技术专家、国家职业鉴定考评员来共同参加编写，以保证教材的实用性和针对性。

希望本套服装中职教材的出版，能为更好地深化服装院校教育教学改革提供帮助和参考。对于推动服装教育紧跟产业发展步伐和企业用人需求，创新人才培养模式，提高人才培养质量也具有积极的意义。

国家职业分类大典修订专家委员会纺织服装专家
广西科技职业学院副院长
北京轻纺联盟教育科技中心主任
2013年6月

前　言

服装画是服装设计师必须掌握的专业基础，也是实现服装设计的一个重要环节。它是设计师思维物化的重要手段，可运用绘画手法来表现服装的款式造型、色彩搭配、材料质地和艺术气氛。服装画虽然属于绘画的范畴，但又不同于一般的绘画艺术。根据它所具有的功能，可以分为效果图和服装插画。效果图侧重于服务产品设计，满足工业生产的需要；服装插画则更注重艺术的表现，传达时尚信息。有的设计师具有良好的艺术修养，使效果图兼具设计的实用性和艺术的欣赏性。

经过国内三十余年的发展，服装画已经形成了相对系统的教学方法和成熟的教学模式。特别是近几年，我国服装设计行业飞速发展，对设计师的整体素质也提出了更高的要求，服装画的教学思路也有了一定的变化，分类也更为科学，目标也更加清晰。本书的作者从事服装设计工作近二十年，主讲服装画课程十余年，并主持省部级服装设计专业教学改革项目，对于服装画教学有着丰富的经验和深刻的理解。本书就是作者在近年来服装画教学和服装设计实践的基础上，进一步整理、补充而完成的，也是作者对服装画教学不断反思、不断钻研的成果。

本书的主要内容包括服装画概论、服装画人体的表现、服装画的基础表现、服装画的表现技法、计算机软件的表现方法以及服装画作品赏析。在每一章的后面均有相关的思考题，习题数量的多少可依据教学的实际情况适当增减。本书努力帮助各个层次的读者掌握服装画的学习方法，无论是一点经验也没有的初学者，还是有一定经验的设计师，相信都可以从中选择需要的内容。但是对于初学者，作者还是建议按照课程安排循序渐进地学习，并认真完成每章后的练习，这样才能更扎实地掌握服装画的技法。

本书的主编是西安工程大学服装与艺术设计学院的吕钊副教

授，主要完成了第一章、第二章以及第六章的编写；副主编是西安工程大学服装与艺术设计学院的郝蕾老师，主要完成了第四章和第三章的部分编写；另一位副主编是辽宁省营口市中等专业学校的张雷老师，主要完成了第五章和第三章的部分编写。全书的编排很有特色，图文并茂，条理清晰，更富于教学所需的规范性、系统性和科学性。希望本书能成为各院校服装设计专业较为理想的教材，同时，也能够满足广大服装设计爱好者的需求。

本书未署名的图例都是本人平时授课所作的范画和进行设计实践时所画的图纸。同时，还有部分图例为西安工程大学服装与艺术设计学院的教师和学生提供。另外，为了教学的需要，我们还插入了一些大师和著名设计师的作品，在此向为本书提供作品的同事、同学和艺术家们表示衷心的感谢。感谢本系列丛书主编陈桂林教授的辛勤劳动，感谢我的学生诸葛秋萍提供的图片，感谢中国纺织出版社为此书的出版付出劳动的编辑们。

由于时间和作者的能力所限，本书可能还存在不足之处，希望能与广大读者交流，请大家批评指正。

西安工程大学服装与艺术设计学院

吕钊

2013年7月

教学内容及课时安排

章/课时	课程性质/课时	节	课程内容
第一章 （6课时）	基础篇 （6课时）		**•服装画概论**
		一	服装画的概念
		二	服装插画
		三	服装画与服装设计
第二章 （20课时）	基础篇 （20课时）		**•服装画人体的表现**
		一	服装画人体的基本知识
		二	服装画的人体动态
		三	服装画人体的细节
		四	服装画人体的应用
第三章 （20课时）	基础篇 （20课时）		**•服装画的基础表现**
		一	服装款式图的特征及意义
		二	服装款式图的基础训练
		三	服装款式图的细节表现
		四	服装材料的表现
		五	服装配饰的表现
第四章 （20课时）	应用篇 （20课时）		**•服装画的表现技法**
		一	绘画材料和工具
		二	服装效果图的基本表现技法
		三	服装效果图的分类表现技法
第五章 （20课时）	应用篇 （20课时）		**•计算机软件的表现方法**
		一	辅助设计软件和设备
		二	CorelDRAW在服装画表现中的应用
		三	Adobe Illustrator CS在服装画表现中的应用
第六章 （4课时）	赏析篇 （4课时）		**•服装画作品赏析**

注 各院校可根据自身的教学特色和教学计划对课程时数进行调整。

基础篇

应用篇

赏析篇

基础篇

第一章
服装画概论

课题名称：服装画概论

课题内容：服装画的概念

服装插画

服装画与服装设计

课题时间：6课时

教学目的：使学生了解服装画的文化与发展，认识服装画的不同功能和目的，从概念上有清晰的认识，避免因认识不足而导致盲目地学习。

教学方式：理论讲授。

教学要求：结合PPT使学生加深认识。

作业布置：要求学生查阅服装画发展资料，了解服装画的不同功能。

第一节　服装画的概念

随着社会的发展，人们精神生活和物质生活需求不断提高，“设计”一词越来越频繁地出现在我们的生活中，人们也越来越认识到设计给我们生活带来的巨大变化，它渗透到日常生活的各个方面，兼顾我们对精神生活与物质生活的完美追求，是人类现代生活中最重要的活动之一。它不但改变了人们的生产方式，也改变了我们的生活方式。

“设计（Design）”，有名词和动词之分。前者是指对生活用品和生活环境的适用性、审美性、生产性的设想和计划，体现在图纸上，是意匠的具体化；后者可以理解为一个思维的过程，一个如何将美学更好地作用于现实生活的思维过程。设计的本质在于“创新”和“优化”，必须考虑产品机能、材料、造型、生产工艺、使用对象以及市场信息等因素。

现代工业化生产的细分，使设计活动也形成了众多门类。较常见的是将其分为三大类：视觉传达设计（包括图形设计、商业美术设计、包装装潢设计等）、空间环境设计（包括建筑设计、园林设计、室内装饰设计等）和产品设计（包括工业产品设计、服装设计等）。其中，产品设计的对象非常具体，通常是我们触手可及的生活用品和工业用品，与我们生活最为密切相关的“服装设计”就属于产品设计的一部分。

服装是人类从原始走向文明的标志，从最初的装身饰体开始，服装就是人类政治、经济、文化、审美最集中的体现。而服装设计师总是走在时尚的最前端，代表了最流行的生活方式和审美情趣。所以，成为一名设计师，特别是一名服装设计师，是很多人的理想。但实现这一理想却非易事，并非每个立志的人都可以实现。服装设计师不仅要具有天赋，还要掌握一定的艺术表现技法和完备的专业技术知识，更重要的是要敬业，要不断地努力学习。

设计是一个从思维到物化的过程，设计活动的一个重要过程就是必须用具象的形式把抽象的思维表现出来，传达给别人。所有的设计都具有这个特征，服装设计更是如此。设计的传达方式有平面的，也有立体的。其中，最常见的形式就是平面的“效果图”，我们也称之为“设计渲染图”。服装设计在传达中也有平面与立体之分，平面的形式我们将其称为“服装画”（图1–1），立体的形式我们称之为“立体裁剪”或“立体设计”。立体裁剪不单是一种设计方法，也是一种常用的造型方法。立体裁剪虽然现实、直观，但其耗时、费力，所以其往往也是在服装画的基础上进行，因此我们还是应先了解服装画。

对于设计师来说，服装画更多的时候是以设计草图的形式出现，它是设计师思维过程的再现和记录，可以给设计师提供更多的灵感记录和设计参考。这类图纸因为要快速记录并在很短的时间内完成，往往寥寥几笔，简明扼要，突出重点。图1–2、图1–3是一位年轻设计师的设计过程；图1–4、图1–5是时任“迪奥”设计师的著名设计师约翰·加利亚诺

（John Galliano）的设计手稿，他不但记录了时装的款式，还把相关的材料和灵感的来源以及展示的环境也表现了出来。

与服装画有关的名词很多，例如：“服装效果图”、“服装渲染图”等，它们有什么区别呢？简单地说，服装画是对与服装有关的图画的总称，而服装效果图、服装渲染图只是其中的一部分。服装画有“图”与“画”之分：一类是以工业生产为目的，具体表现服装款式和构思的设计图纸，英文为“Sketch”，意为设计图；另一类则注重画面的氛围和艺术效果，我们称之为服装插画（图1-6），英文为“Illustration”，意为插图。

要想成为服装设计师的第一步就是要服装画画得好，而“画得好”并非只是画画那么简单。“画得好”意味着要对服装有创新的思路，领悟得多，理解得深刻，表达得清楚；意味着了解从平面效果到立体结构的转变；意味着要将服装效果表现得更加时尚化、风格化。特别要强调的是，服装是一门艺术，更是一件商品，服装画并非单纯的绘画，绝不能孤芳自赏，而要考虑它的功能性（图1-7、图1-8）。有些初学者在表现上追求过于夸张或是怪诞的风格，这并不是个性与创新，而是对时尚的曲解，也达不到设计的效果和目的。

图1-1　服装画　作者：柯丹

这是最初的手稿，第一思维的反映，想到什么就画出来，尽可能地将最原始的想法很直观地表现出来，即便很多设计是不成立的，但是也需要很全面地表现出来。

设计的手稿虽然不完整也不够准确，却是对设计思路的记录和深化，也是设计师灵感的源泉。

图1-2 设计草图1 作者：史俊

随着设计的一步步深化，款式和细节变得越来越具体，直到作品完成，这就是思维物化的过程。

图1-3 设计草图2 作者：史俊

图1–4　约翰·加利亚诺时装设计手稿

图1-5 约翰·加利亚诺对展示环境的设计

图1-6　服装插画　作者：亚历山大·麦昆（Alexander McQueen）

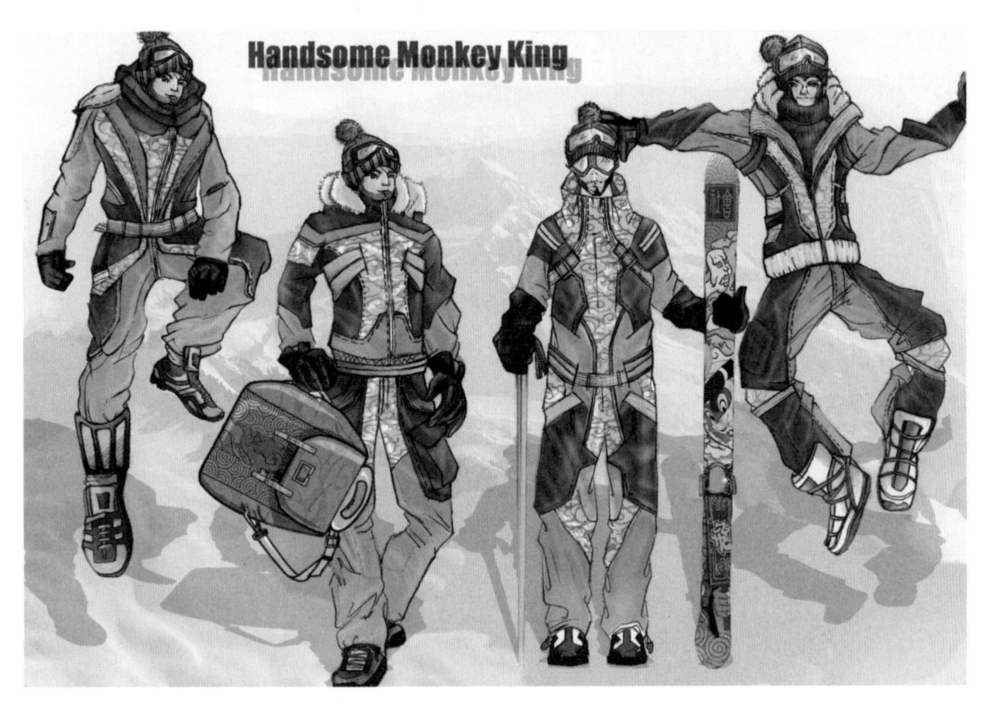

图1-7　乔丹杯设计效果图　作者：张泊阳

图1-8　服装效果图　作者：王馨　张小伟

第二节 服装插画

上一节我们讨论了“画”和“图”的区别，被称为服装插画的这一类服装画，它们线条流畅，色彩明快，构思精巧大胆，具有独创性，不拘一格。服装插画不受工业生产的束缚，更注重艺术与时尚的表达，它们的作者多为专业的人物画家而非服装设计师。画家们尝试着跨越绘画和设计所固有的界限，以大胆、自由的笔法去描绘自己心目中的时尚形象（图1–9）。

自20世纪初期开始，服装插画就风靡世界。这不仅是因为它能够带来最新的时尚信息，更因为它是一种具有独立欣赏价值的艺术形式。欧洲一些著名的时尚和生活类出版社，如法国的《时装绘画》（*Fashion art*）、英国的《时尚》（*Vogue*）、《哈泼市场指南》（*Harper's Bazaar*）、《女性装饰》（*Women adornment*）、《芬芳》（*Fragrance*）等，纷纷向服装插图画家约稿，并用大量篇幅刊登。一些插图画家活跃在这一领域，带有印象主义格调，如擅长水彩速写的美国插画家乔·尤拉(Joe Eule)、画家肯尼斯·保罗·布洛克（Kenneth Poul Block）、优雅洒脱的史蒂文·斯蒂伯曼（Steven Stipelman）、浪漫的女画家安娜·皮亚姬（Anna Piaggi）、粗犷豪放的托尼·维拉蒙特（Tony Viramontes）以及时装界的常青树儒内·格里乌（Rene Gruau）等。在20世纪60年代到80年代里，服装插画行业中最有影响和最富代表性的人物是安东尼奥·洛佩兹（Antonio Lopez），他被喻为“时尚插画界的毕加索”，他创作出了大量的优秀作品流传至今，对以后的服装插画产生了极为深刻的影响。

从时尚杂志的诞生开始，服装插画就成为杂志封面最耀眼的一笔。服装插画将当代流行艺术中粗犷、无拘无束的风格及诙谐洒脱的特点引入到封面中，使这种艺术形式更深入人心。*Vogue*（图1–10）、

图1–9 服装插画 作者：大卫·当顿（David Downton）

Harper's Bazaar（图1-11）、*Elle*这些人们所熟悉的时尚类杂志的封面，从20世纪开始就选用著名大师们的作品，借助大师们精湛高超的插图技巧和丰富多变的色彩处理，以顺应千变万化的服装潮流。这种充满张力和个性的时尚表现方式，不仅让这类杂志得以畅销，对于时装品牌更是很好的宣传，这也正是服装插画的主要功能。

图1-10　*Vogue*服装插图封面

服装插画虽然更侧重于艺术的创作，但无论是在商业领域还是设计创作中，服装插画家们必须紧跟日新月异的时尚潮流。他们定期表现最新的流行趋势，用艺术的手法再现时装的风采，并唤起人们的渴望之情。学识渊博的服装画家迈克尔·罗伯兹（Michael Roberds）有自己独特的见解："我把服装插画仅仅看作是一种图解，用以描述某种时装的一种手段。而正是设计师自己在其作品中倾注的想象使我做到了这点。我绝不将自己的风格强加于这种想象之上。"由此看来，从某种意义上讲，服装插画也是设计工作的延伸，虽然它只是捕

图1-11　*Harper's Bazaar*服装插图封面

捉了服装设计的一瞬间，但是却紧紧抓住了每位设计师凝聚在自己作品中的灵魂。

美国第一快手插画家乔·尤拉习惯用炭笔或浓厚的水彩颜料飞快作画（图1–12），模特在T台上的一个转身，歌手在舞台上扭几下身子，他的画便完成了。他的插画总能兼顾戏剧性与精确度，无论模特、影星还是歌手，被他画出来总比真人更生动，也更优雅。对他来说，进行插画创作不光是纸上谈兵，在超过半个世纪的时尚生涯中，他给各大报纸杂志和时装屋绘制服装插画，为歌手绘制专辑封面，还发掘模特，设计戏服和布景。

出生于波多黎各的安东尼奥·洛佩兹擅长用各种材料创作（图1–13），铅笔、钢笔、墨水、碳素笔、水彩和宝丽来胶片都是他喜爱的工具。同样，他的作品风格也多种多样，古典主义、超现实主义以及迷幻主义，都能够自然而然地呈现在他的笔下。其作品的非凡生命力，就在于他极为精湛和高超的插图技巧与多变的画风，诠释千变万化的时尚潮流，使众多的仿效者叹为观止。

西班牙著名服装插画师阿图罗·埃琳娜（Arturo Elena），她刻画的人物纤细妖媚，造

图1–12　服装插画2　作者：乔·尤拉

图1-13 服装插画3 作者: 安东尼奥 · 洛佩兹

型夸张，极具骨感美（图1-14）。其着色极为大胆，色彩对比强烈，写实感强，给人一种超现实感，具有冲击性的视觉效果，众多大牌的服饰，在她的画笔之下，别有一番风味，给人留下深刻印象。

第三节 服装画与服装设计

服装画对于服装设计工作来讲有着极其重要的意义，我们可以从以下几个方面来认识它。

第一，设计师通过图的形式将自己的设计构思具体化，包括服装的款式造型、色彩搭配以及材料的使用等，并将其展示给他人。服装画是设计师向他人传达自己设计思想的手段，也是与他人沟通的方式以及交流设计思想的语言。图纸也是双方进行沟通、确定设计方案的媒介。

第二，服装画是打板师、工艺师进行下一步工作的依据。设计工作有其自己的交流方式，设计师绘制的设计图就是打板师和工艺师遵循的工作标准，能否充分理解设计师的设计意图，实现设计作品的最佳效果，是一名打板师和工艺师能力最直接的体现。当然，一幅好的服装画也应该给他人以明确的指导。否则，将影响后续工作的进展。

第三，设计效果图不但能传达设计师的设计思想，更重要的是其绘制的过程也能够触

图1-14　服装插画4　作者：阿图罗·埃琳娜

图1-15 服装插画5 作者：托尼·维拉蒙特

发设计师的设计灵感，使设计师的设计方案更加完善。设计师在绘图过程中随手画出的线条和偶然形成的造型都有可能激发设计师的灵感，为设计提供一个新的思路（图1-15）。画图本身就是一个创造性的过程，能够训练人的创造性思维能力和空间想象能力，这也就是为什么德国著名服装教育家A.L.Arnold先生认为一个画家比一个裁缝更容易成为一名服装设计师的原因吧！

第四，服装画以优美的人体和时尚的服装为内容，加之设计师个性化的表现形式，其本身就具有独特的审美和艺术价值。著名设计师的设计手稿被一些收藏家和杂志社争购收藏，服装画作为新的绘画艺术门类，散发着时尚与个性的气息。

我们花费诸多时间来了解服装画的概念和功能，无非是想让大家在学习服装画之前对其有一个较为清楚的认知，如果不能正确认识自己的学习目的和练习的意义，是要走很多弯路的。

本章小结：

对服装画的概念、分类以及学习的意义有明确的认识，正确认知学习服装画的思路。

学习重点：

对于服装画分类的认知，明确效果图和服装插画的分类和功能。

思考题：

1. 请简述服装画的分类。
2. 服装画的功能是什么？评价服装画的标准是什么？

基础篇

第二章

服装画人体的表现

课题名称：服装画人体的表现

课题内容：服装画人体的基本知识
服装画的人体动态
服装画人体的细节
服装画人体的应用

课题时间：20课时

教学目的：掌握服装画人体的基本知识，掌握服装画人体的动态规律，能够运用不同姿态服装画人体的表现方法，进行简单的服装款式表现。

教学方式：理论讲授与课堂练习相结合，需进行大量的课后练习。

教学要求：要求学生熟练掌握服装画人体的绘制技法。

作业布置：1. 人体比例练习10张。
2. 一种重心人体的姿态变化练习20张。
3. 简笔人体练习20张。
4. 人体的细节练习5张。
5. 根据人体进行着装练习5张。

第一节　服装画人体的基本知识

服装画的主要内容就是人体和服装，而人体又是服装的核心，所以学习服装画自然先从人体入手。学习服装设计，对人体的比例结构和动作特征的理解是非常必要的，从某种角度讲，服装设计就是在研究服装与人体的关系。而有些正在学习服装设计的学生，由于仅是通过有限的临摹书本练习，没有遵循严谨的人体比例结构关系，再加上一些怪癖的画风和技法，无法准确地表现出服装的造型，且比例混乱、主次不分，最后造成设计图与实物相差甚远的后果。

在现实生活中，不同人种、不同民族、不同地区的人在体型上是有差异的，即使同一种族也有高矮胖瘦之分。关于什么是优美的人体、什么是理想人体的研究自古就有，在长期的研究中，人们也达成了一些共识，主要就是一个比例问题。研究人体比例的方法也很多，如黄金分割法、百分比法等，我们应用的是最容易理解也最为直观的头身比例法，也称为单位比例法，就是以头的长度为单位来研究人体的比例。现实中的成年人体一般为7~7.5头身，即身长是头长的7~7.5倍（图2-1）。而在长期的实践研究中，美学家和人类学

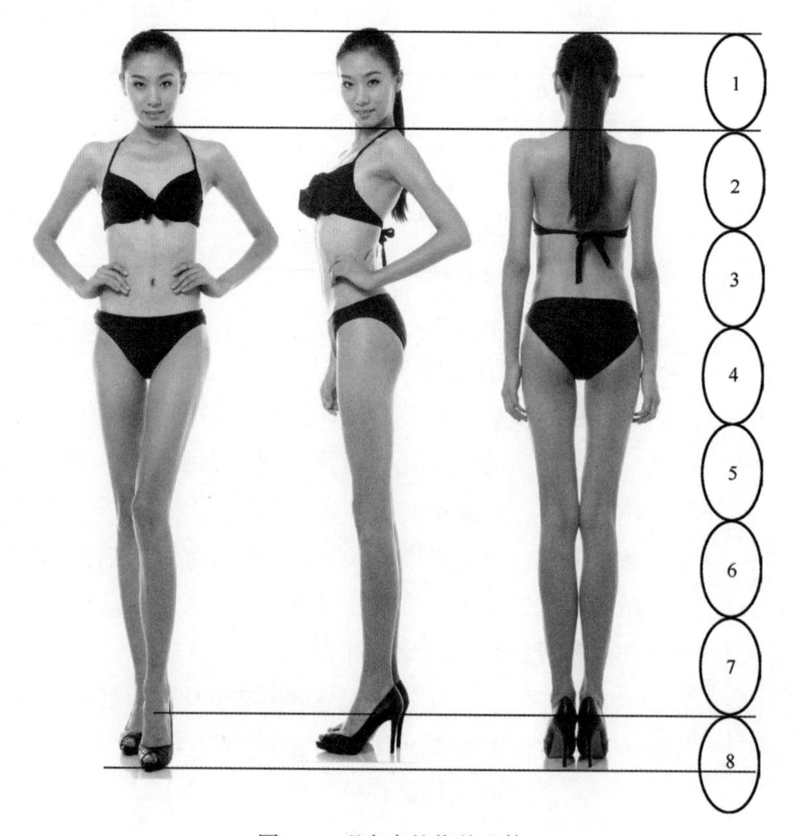

图2-1　现实中的优美人体

家认为8头身是最优美的人体，在西方传统中，也把8头身的比例作为标准身材。两千年前的维纳斯雕像就是一个很好的例证，维纳斯全身雕像高为215cm，头长约为27cm，基本就是8头身的比例。而我国古代敦煌壁画以及古代雕塑中的头身比，很多都是8头身左右，都是在真人的基础上进行了一定的夸张和美化。

服装画人体与其他美术作品中的人体也有很多不同之处，服装画中的人体模特应是一个理想化的、最优美的人体，又是一个带有时尚气息的、个性化的人体。不是膀阔腰圆、身高马大的肌肉人，也不是比例超长、神奇古怪的精灵，它有着自己的要求。它既要有夸张的优美比例，又要接近真实的服装模特人体，是在真实人体上的适度美化，并随着时尚的潮流不断变化。在服装画中，人体一般身高应画到8头身长，宽度适中，四肢修长。大多数情况下，因考虑到鞋子的因素，都画到8.5头身左右。当然，有时根据服装款式的需要，也会适当夸张到10头身左右。在法国巴黎的时装学院中，服装画的一般标准为9~10头身以上，日本东京文化服装学院为8~10头身，美国纽约时装学院约为9头身。而且伴随着时尚与时装文化的发展，服装画的人体比例也进行着不同的变化。

拉长人体的比例并不是各部位均匀地拉长，而是主要拉长腿部在人体中所占的比例，人体的躯干部分和头部基本保持4头身的比例，腿部也拉伸到4头身，这样再加上脚部的长度，就形成了8.5头身左右的服装画人体。服装画人体的比例除了对整体高度的要求外，对每一部分的比例也有要求。通过对图2-2~图2-4的观察，我们能够准确地认识每一个头身在人体的具体位置。这种类型的比例图可能大家已经见过不少，这里需要强调的是第6个头身的位置，一定要画到膝盖的下方，这样才能够使小腿显得更加修长。另外，服装画人体的最宽处不是在肩部更不是在胯部，而是在大臂的三角肌外侧，其他比例细节则要通过仔细观察和大量练习来掌握。

第二节　服装画的人体动态

人体总是处于不断运动之中，灵活的人体可以通过不同的造型来展示服装的形态和各个角度的造型。人体的动态千变万化，我们不可能去一一摹画，所以必须了解和掌握人体运动的基本规律，才能事半功倍，画好人体动态。

要掌握人体运动的规律，应着重解决两个问题：一是人体各个体块之间的关系；二是重心的平衡。人体虽然是由206块骨头、500多块肌肉以及其他组织组成的一个非常复杂的机体，但是其中很大一部分骨骼和肌肉是构成整体运动的，所以我们不必像医学解剖那样去了解每一块肌肉和骨骼的形状和名称，但对于人体的一些主要骨骼和肌肉，我们一定要非常熟悉（图2-5）。

简单概括人体，它是由四大部分组成，包括头部、躯干部、上肢部和下肢部。

头部：主要为面部和颅部。

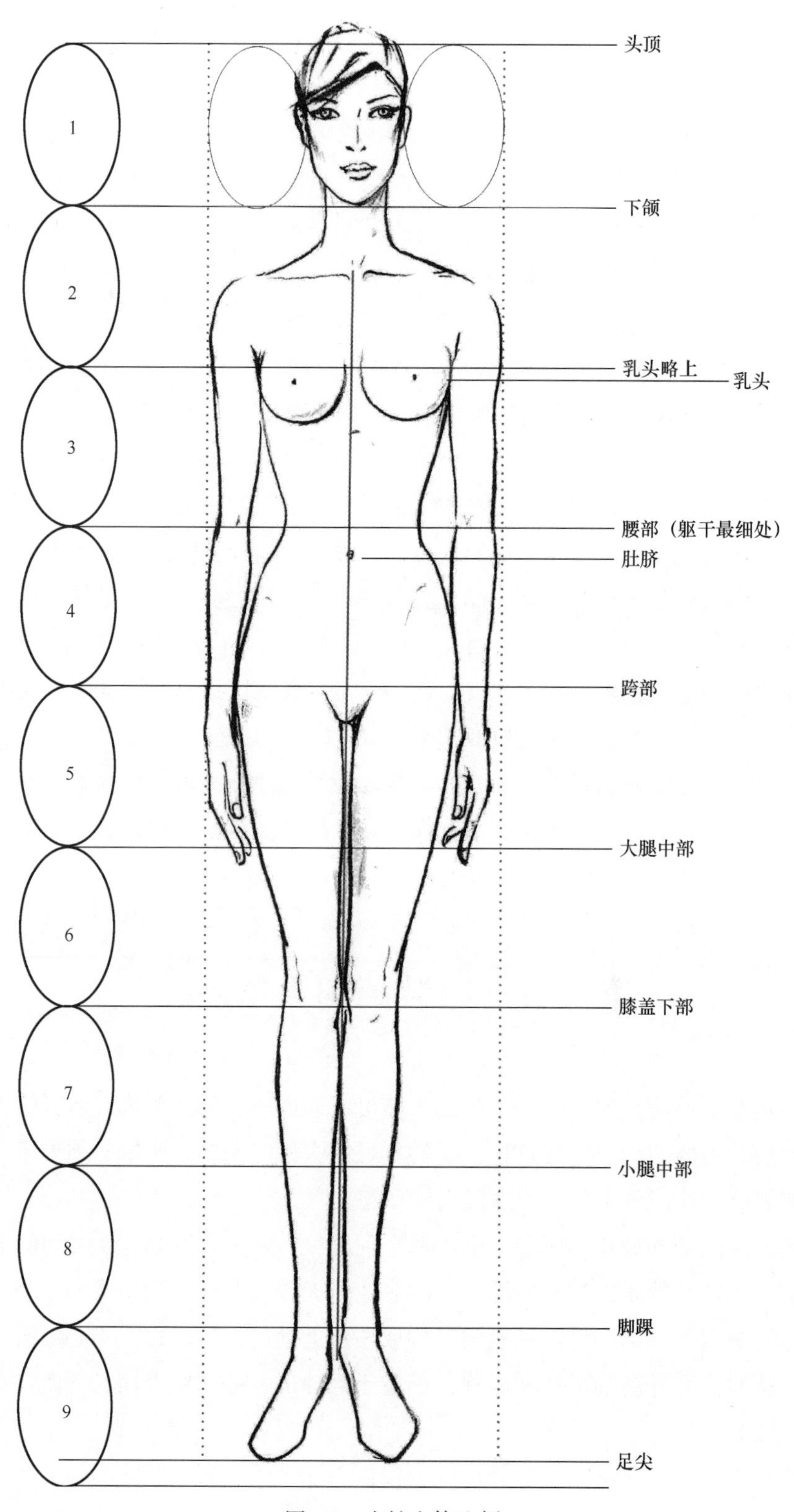

图2-2　女性人体比例

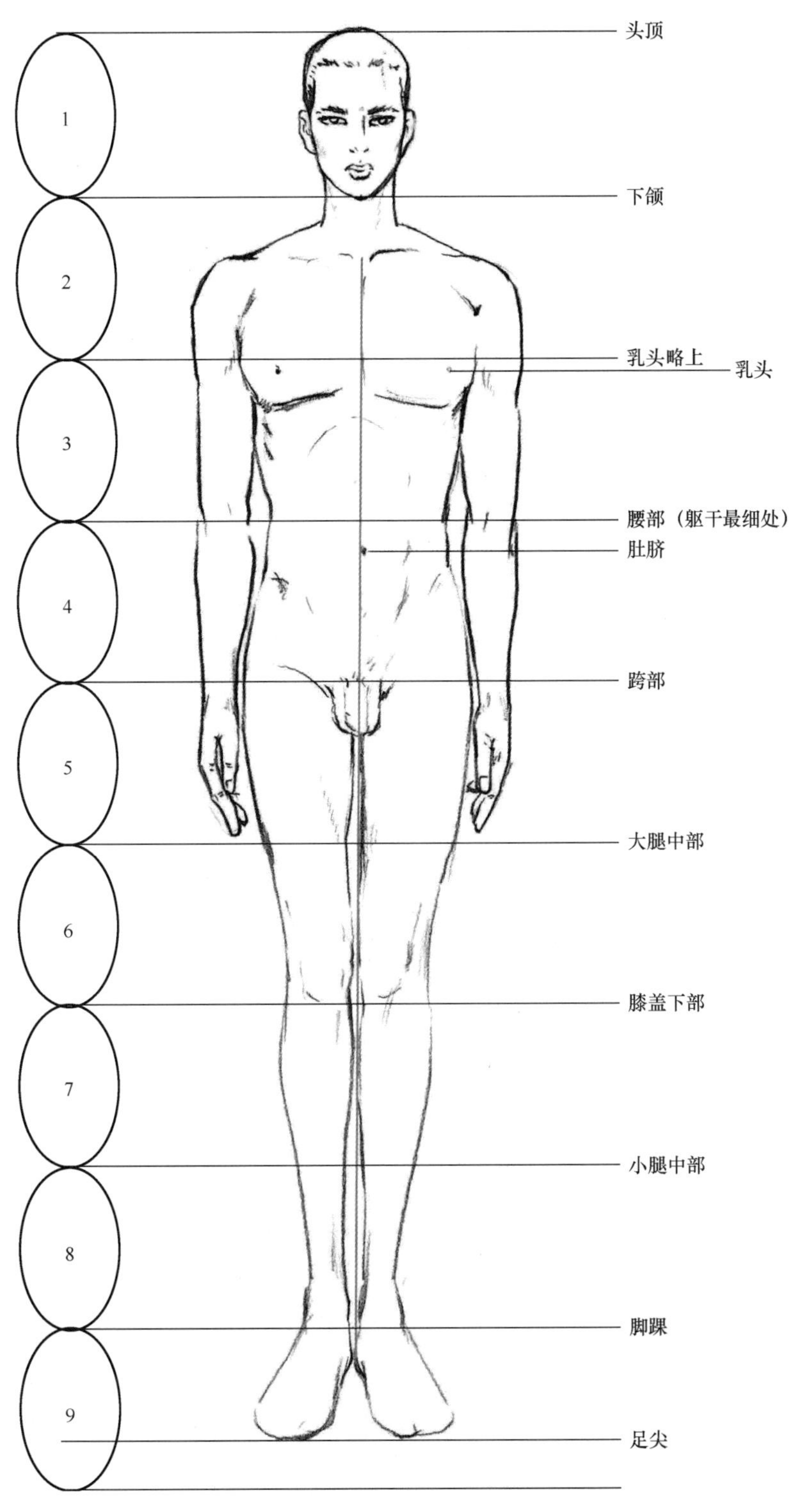

图2-3 男性人体比例

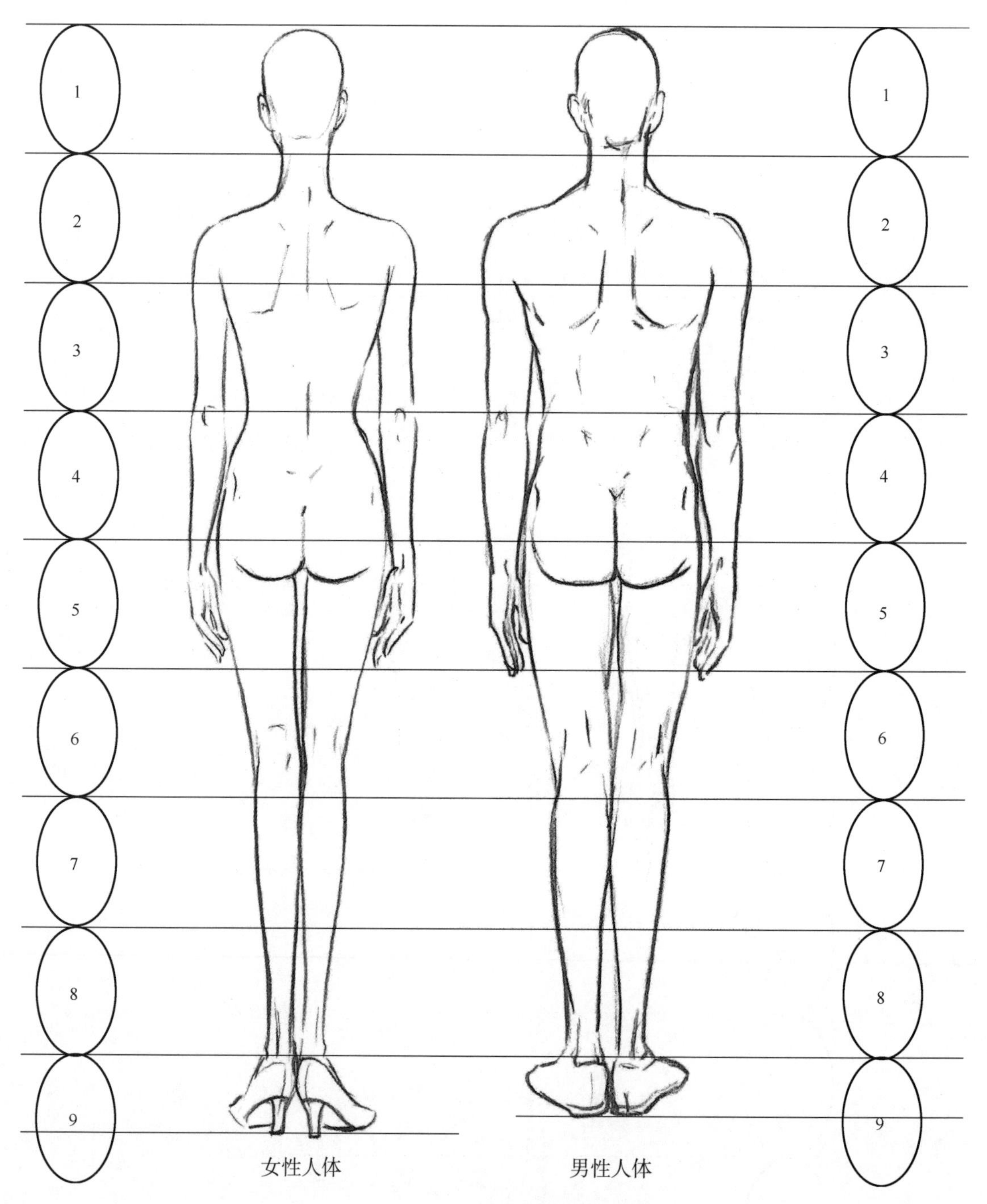

图2–4 男、女人体背面比例图

躯干部：包括颈、肩、背、胸、腰、腹等部位，肩部和髋、臀部虽然在生理上分属上肢和下肢，但在一般的服装结构关系上，肩部却适宜属于躯干部，而髋、臀部虽分属于上、下身，但在习惯认识上，也按躯干的范围对待，这就形成了服装绘画特殊的人体划分概念。

上肢部：由上臂、肘、小臂、腕和手组成。

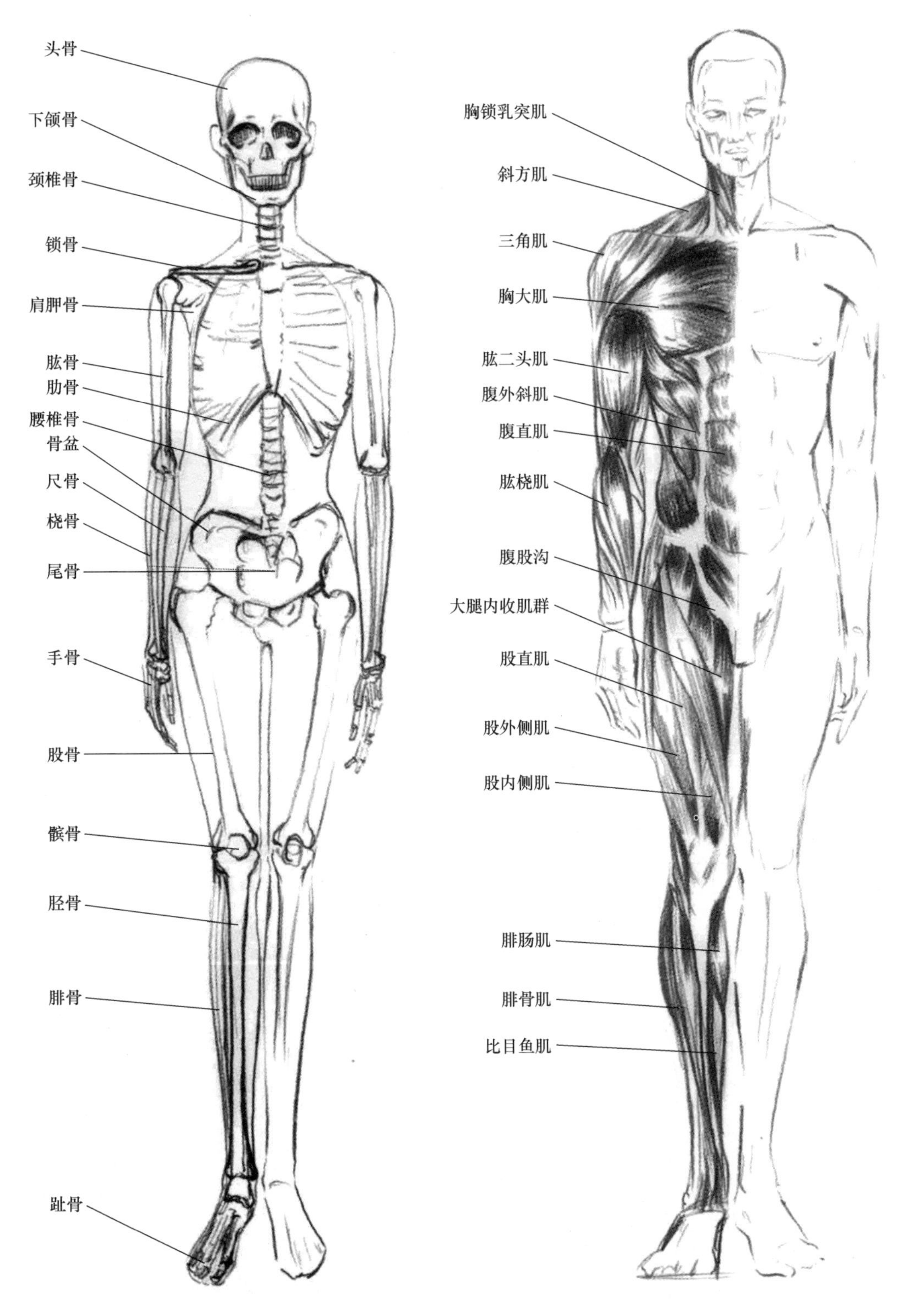

图2-5　人体的主要骨骼和肌肉图

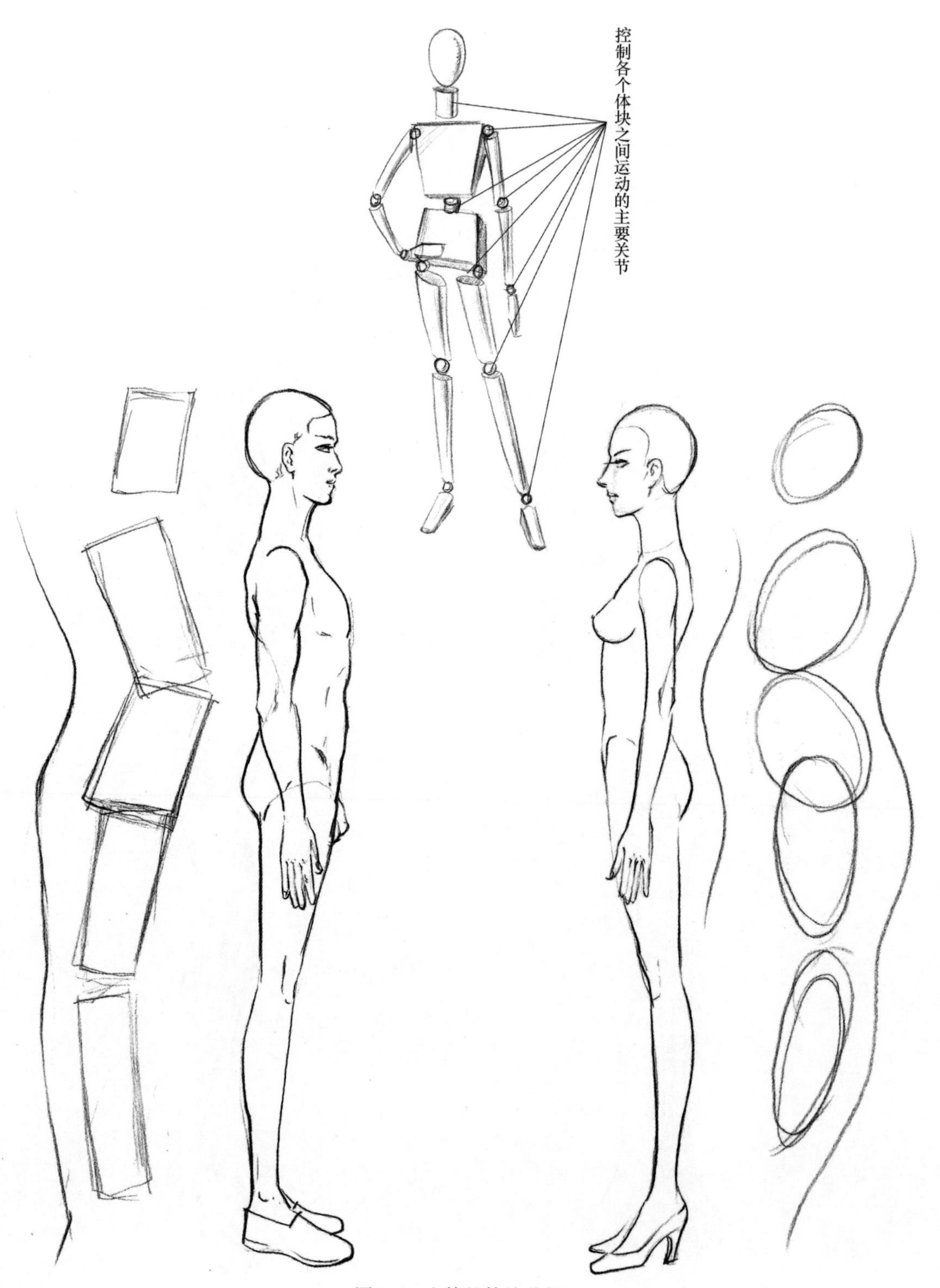

图2-6　人体的体块分析

下肢部：由大腿、膝、小腿和足组成。

人体的头颅、胸廓、骨盆三个部分，它们的骨骼结构决定了其本身不能有较大幅度的活动，而它们的运动主要发生在连接它们的脊椎关节上，特别是颈部和腰部关节上。上肢的活动主要集中在肩关节、肘关节和腕关节，下肢的运动则主要是由髋臼窝、膝以及踝关节决定的。关节是人体运动的枢纽，所以我们研究人体的运动主要是了解各个体块和关节之间的运动规律。

我们采用几何形体的方法会更容易认识人体体块和关节之间的构成（图2-6）。头部我们可以理解成蛋形的球体；颈部就是一个插入躯干的圆柱体；躯干可以理解为两个梯形体块，只是上面的上大下小，更宽一些，下面的上小下大，更厚实一些，上、下两个体块靠腰部连接。四肢可以理解为不同粗细变化的圆柱体，手和脚可以理解为不同的楔形体。连接这些体块的是不同的关节，而颈部虽然是一个圆柱体，但是它也是连接头部和躯干的关节。

躯干的体块运动支配着四肢，上面的手臂受肩部控制，腿部受到胯部的支配，要注意上、下两部分躯干的运动往往是呈对称关系，而不是平行关系，四肢也同样随着上、下躯干运动产生相应的变化，这样才能更好地保证身体都平衡（图2-7）。

人体以中线为界，左、右两边对称相等，从而构成了人体最基本的规律。它也是服装设计和服装制作的依据。

一个站立的人体，无论是向前或是向后曲身，还是向左或是向右倾斜，都能够保持身体的平衡，这是因为我们正确地掌握了重心的缘故。人体静止时，重心也静止不动；人体运动时，重心也随之移动。人体的行走奔跑，实际上就是通过不断地转移重心使自己移动的过程，重心实际上就是我们在地球引力的作用下保持身体平衡的平衡点。

站立人体的重心是从颈窝向下作垂线到地面，坐着的人体重心是从骨盆垂直于地面。当人体正面直立时，我们看到的重心线和人体的中心线是重合在一起的，只要人体运动起来，重心就会随着人体的运动而发生变化。

了解了人体的构成和运动的原理后，我们就可以利用一种行之有效的练习方法事半功倍地去练习人体的动态了。人体动态变化示意图（图2-8）就是利用人体体块和重心的规律，通过对一种姿态的变化而进行的多种动态练习的方法。当人体的重心完全支撑在一侧时，另一条腿、四肢以及头部都可以相对随意地活动，这样就可以组合成更多的姿势了（图2-9~图2-11）。进行这个练习的关键在于一条腿要完全支撑身体，否则变化姿势时就会出现重心不稳。当重心在两腿之间时，另一条腿则无法移动（图2-12）。

在进行服装画人体练习的初期，一定要严格按照比例的要求进行。当对比例比较熟悉以后，就可以训练自己的感觉，画一些轻松的人体动态，培养自己的手感和线条的流畅感。图2-13、图2-14就是一些这样的练习。另外，在画服装画时，不要轻易用橡皮去擦掉那些似乎不准的线条，先不要理会它，重新画一条就好，线条要尽量连贯流畅，等到基本完成时再清理多余的线条。

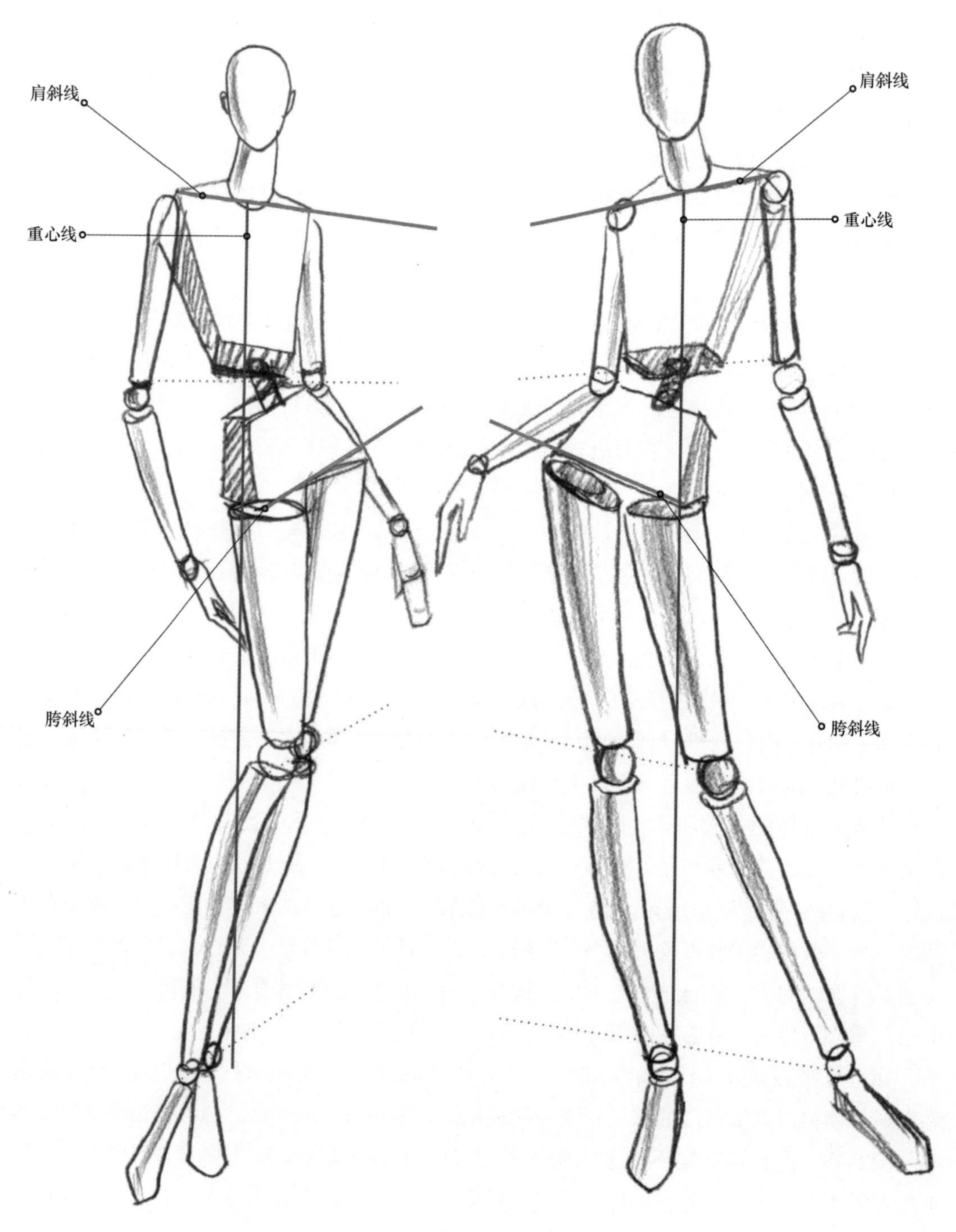

图2-7　体块的运动规律

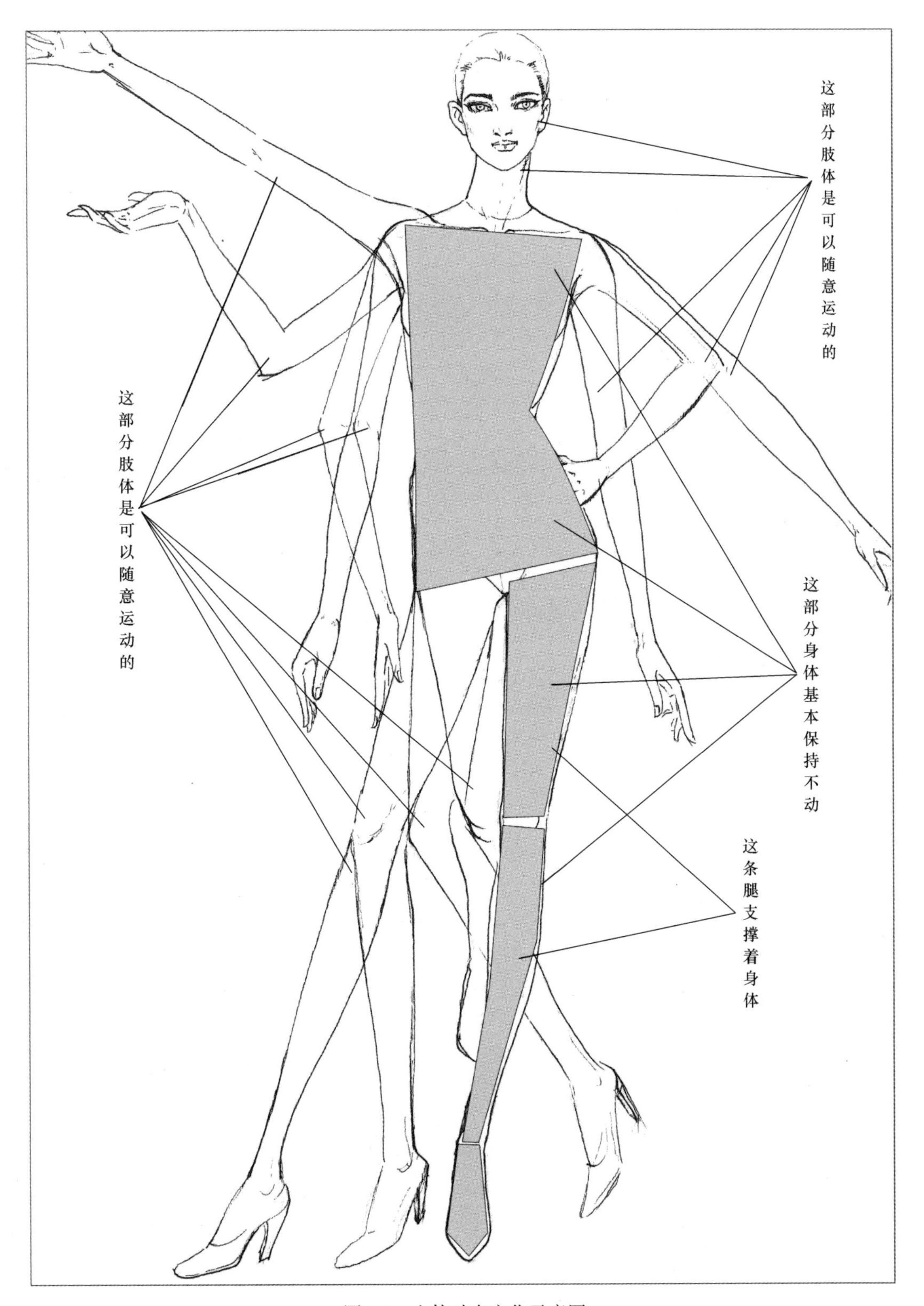

图2-8　人体动态变化示意图

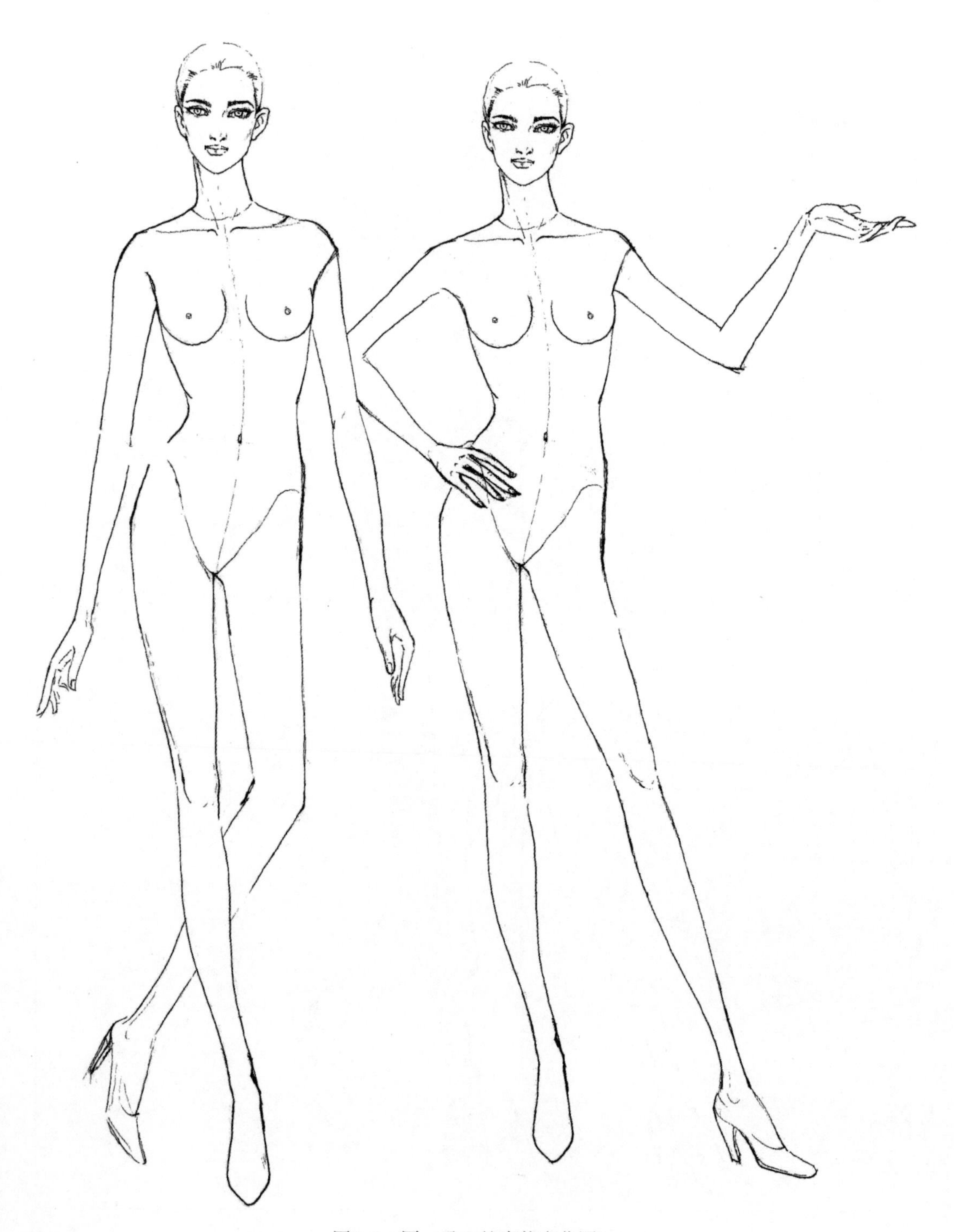

图2-9 同一重心的姿势变化图1

图2–10　同一重心的姿势变化图2

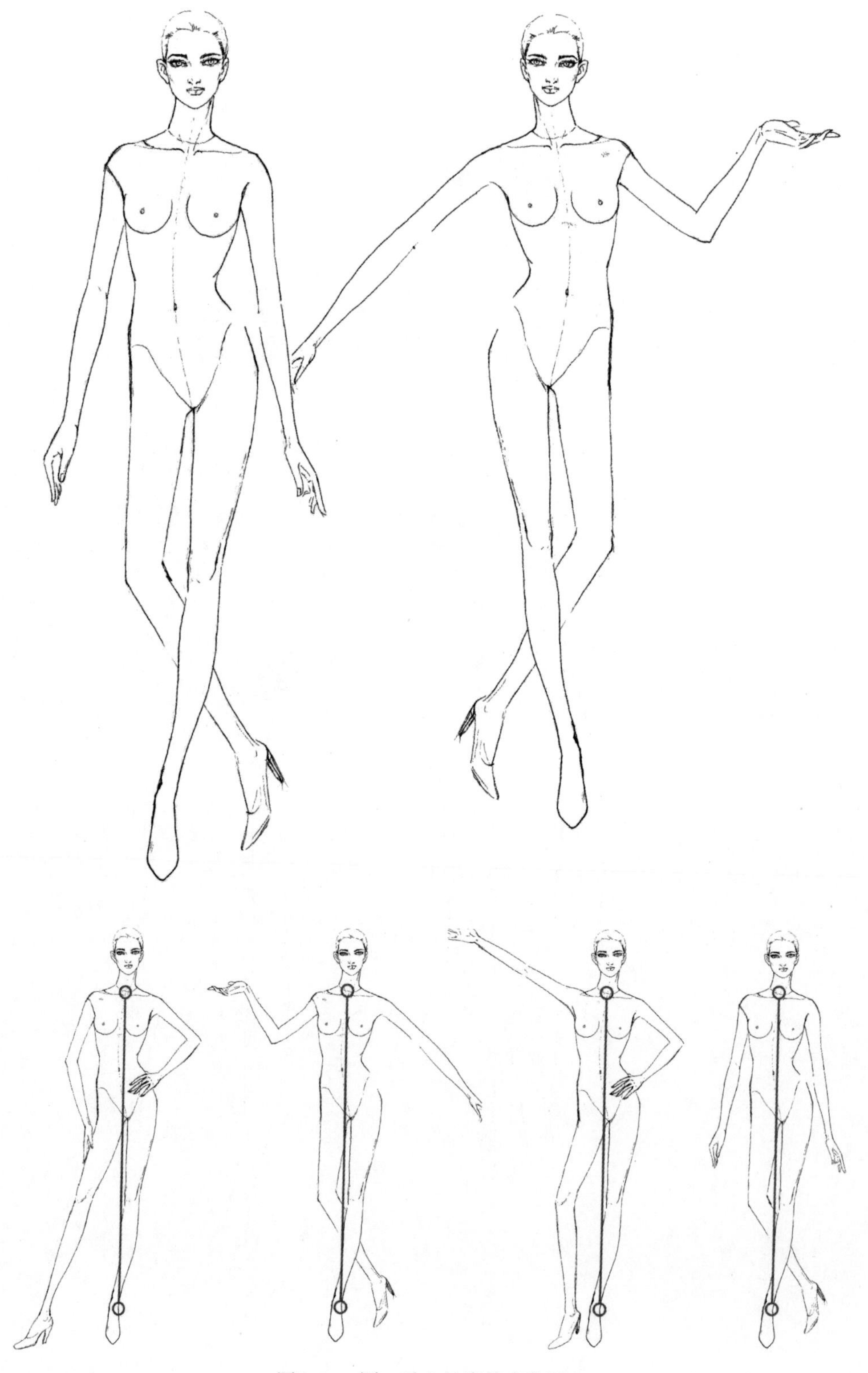

图2-11 同一重心的姿势变化图3

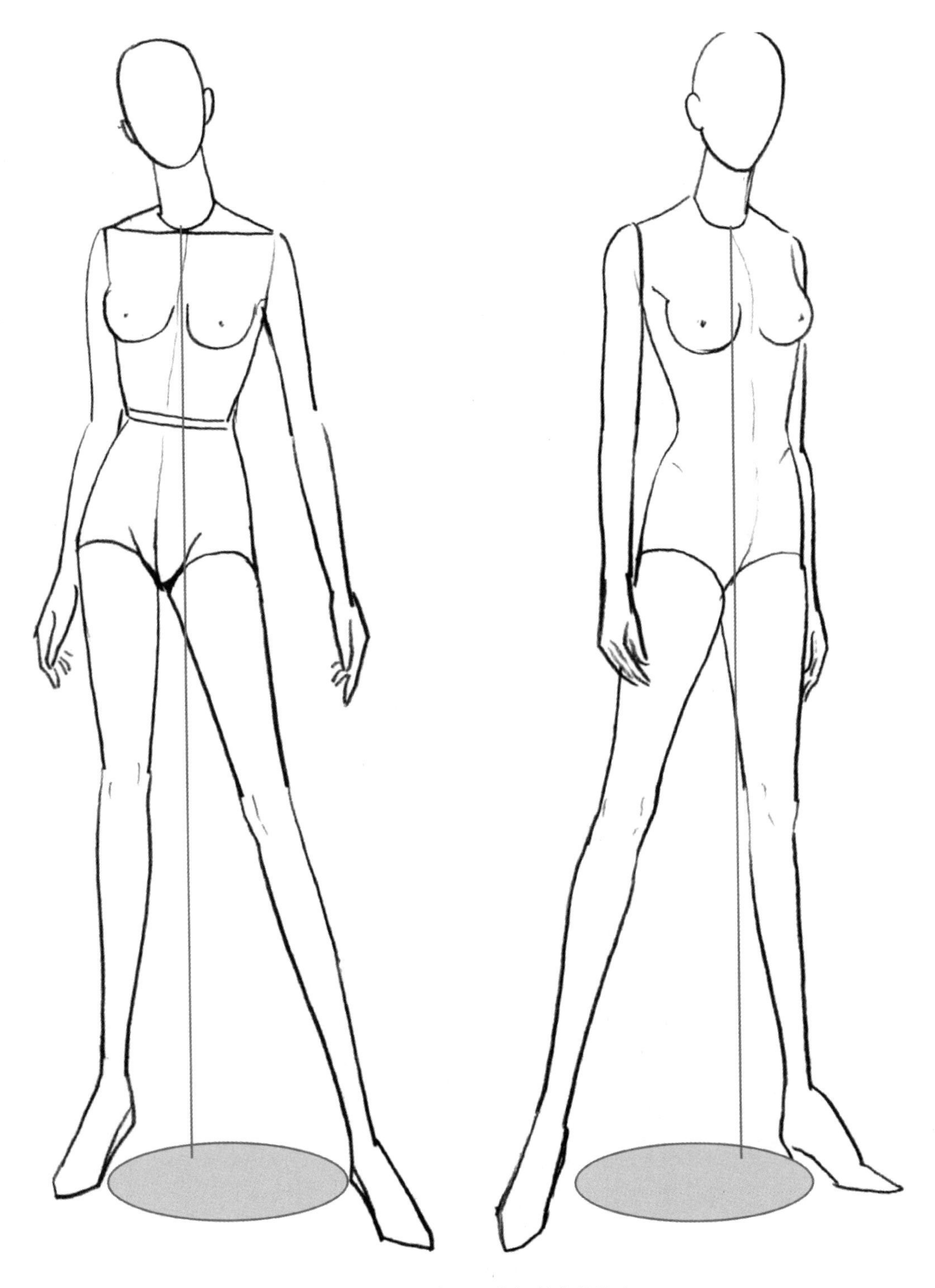

图2–12　重心在两腿之间的人体姿态

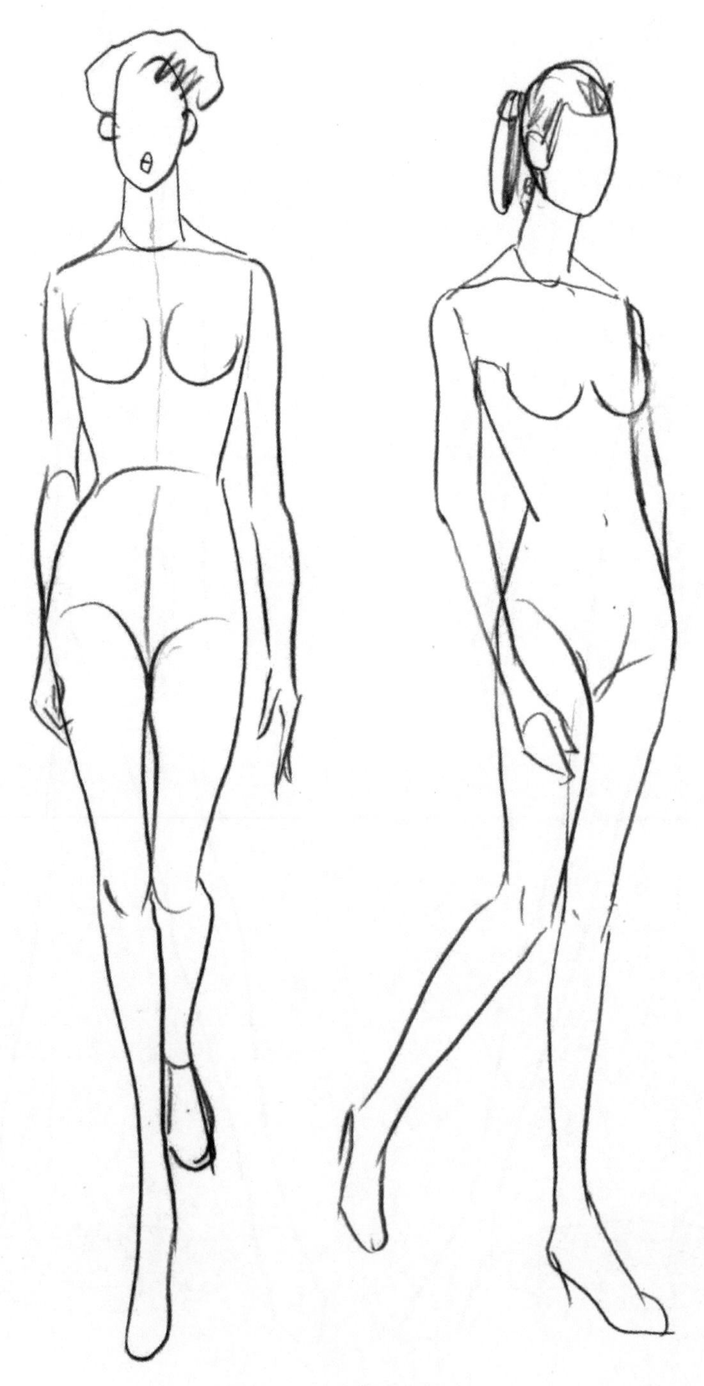

图 2 –13　人体姿态练习1

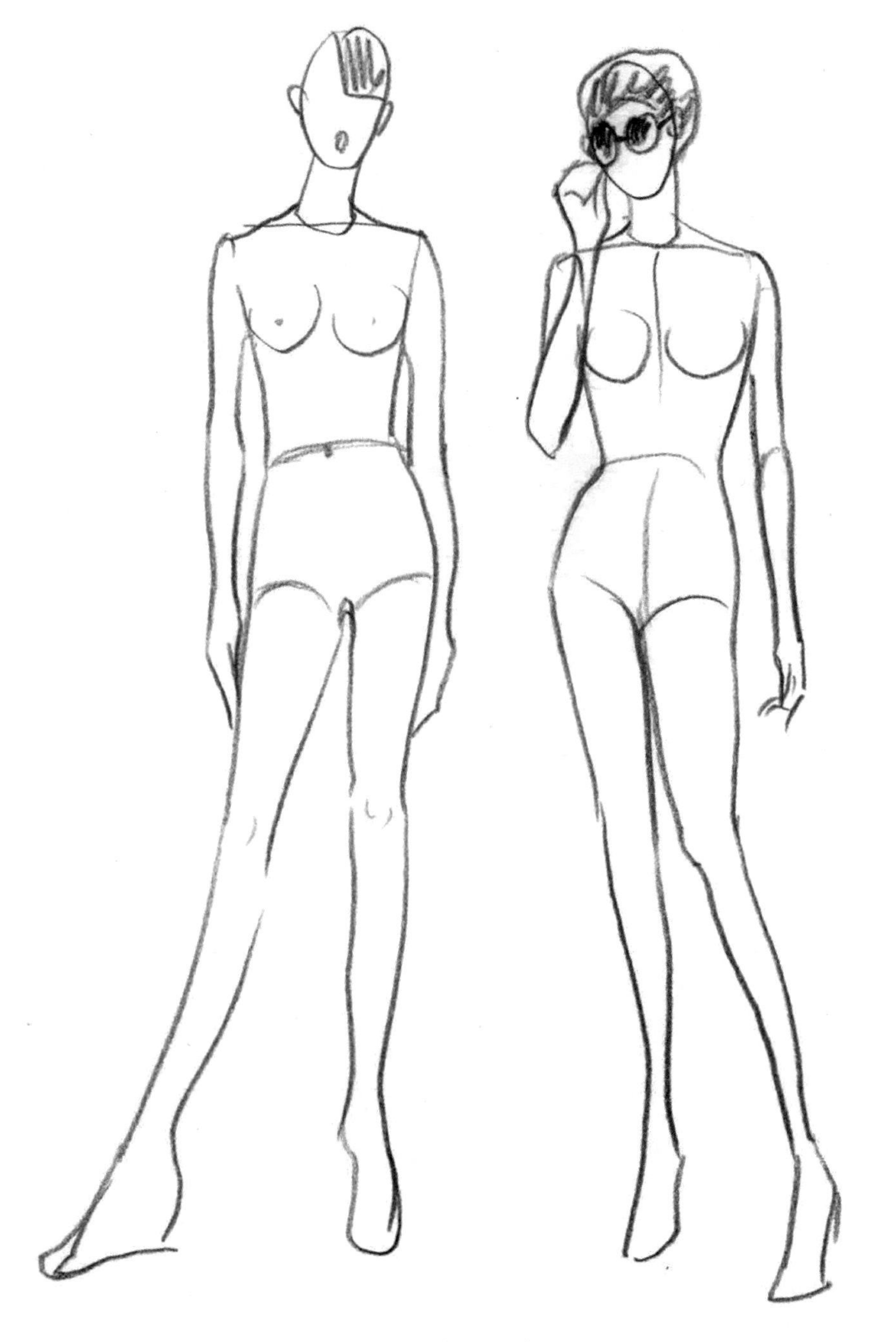

图 2 -14　人体姿态练习2

第三节　服装画人体的细节

处理好人体比例的关系以后，我们还要对人体的一些细节着重练习，特别是头部。头部是我们一开始就要画出来的部位，也是人体比例的基准，它的大小、结构、表情和造型对服装画的效果影响非常大（图2–15）。我们把头部理解成蛋形的球体，头部正、侧、仰、俯等不同的角度，形状和轮廓都有微妙的变化（图2–16）。头部的重点是面部，因为面部是人们传达感情最明显而且最吸引人关注的部位，所以很多初学者在刻画面部时都有点紧张，可能感觉面部画得好不好会直接关系模特漂不漂亮，把精力都放在了细节的刻画上，如睫毛、眼睑、嘴唇等，反而忽略了头部的整体造型，造成了比例的混乱（图2–17、图2–18）。

手和脚是四肢的末端，是最细腻的表现人物动态的部分，和面部一样，它也经常暴露

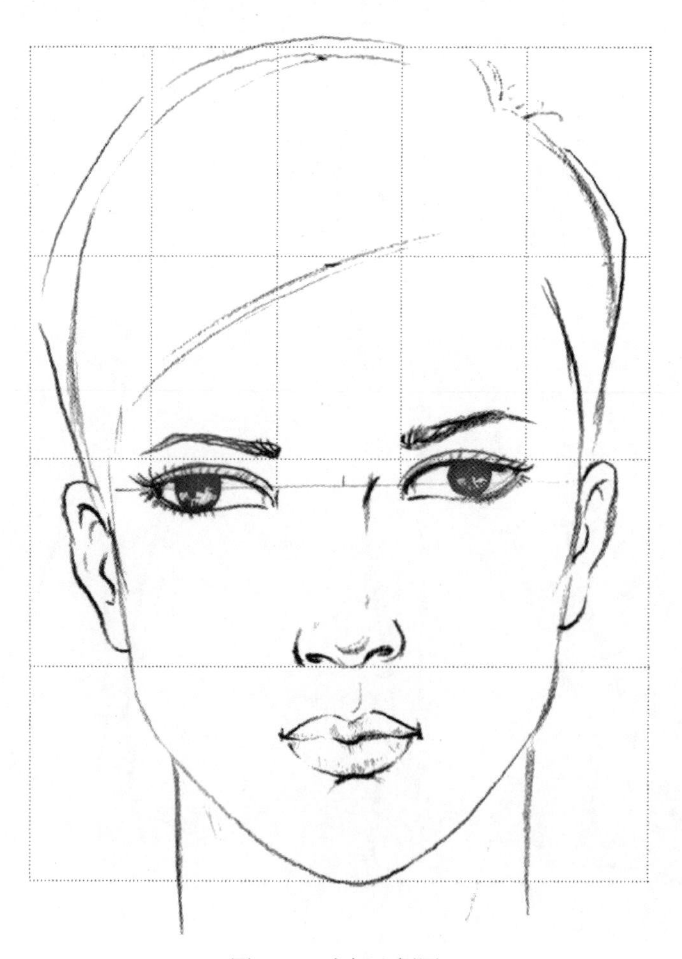

图2–15　头部比例图

在服装外面，也是我们要重点刻画的地方。人常说“画虎难画骨，画人难画手”，手关节多，最为灵活，所以不易掌握，我们要经过仔细观察和刻苦练习才能掌握它。但是，我们也不要贪多，服装画中经常用到的手姿是我们练习的重点，总结其规律，先掌握几种常用的姿态，然后再慢慢拓展。

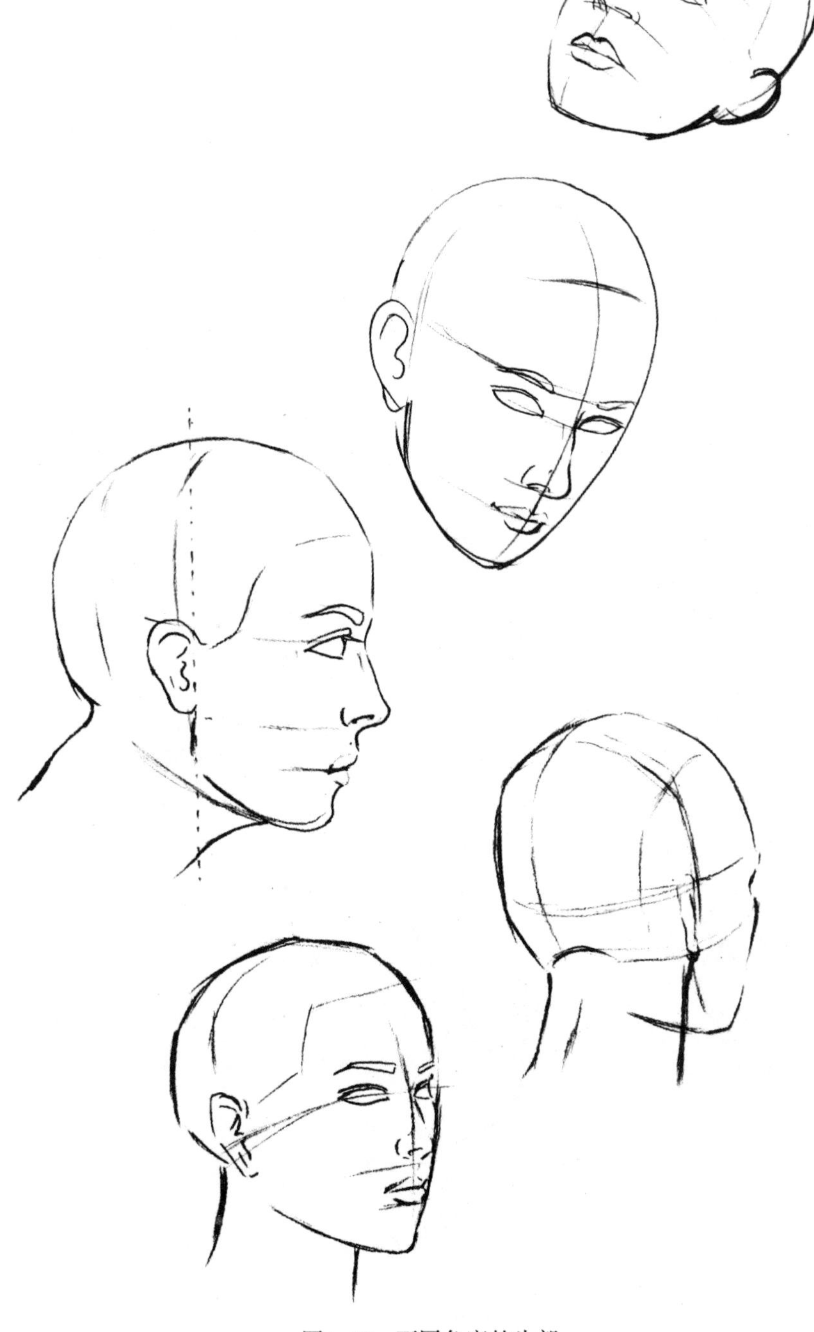

图2-16　不同角度的头部

图2-17　头部的练习

图 2 -18　简单的头部表现

脚的刻画比起手来简单一些，因为有鞋子的包裹，反而画鞋子更多一些（图2-19）。要注意脚的比例和透视，脚的长度一般接近头长，女性的脚要画得略长些，这样能够增加小腿的长度，看起来更舒展优雅。男性的脚要画得厚重有力，增加男性的稳重潇洒。

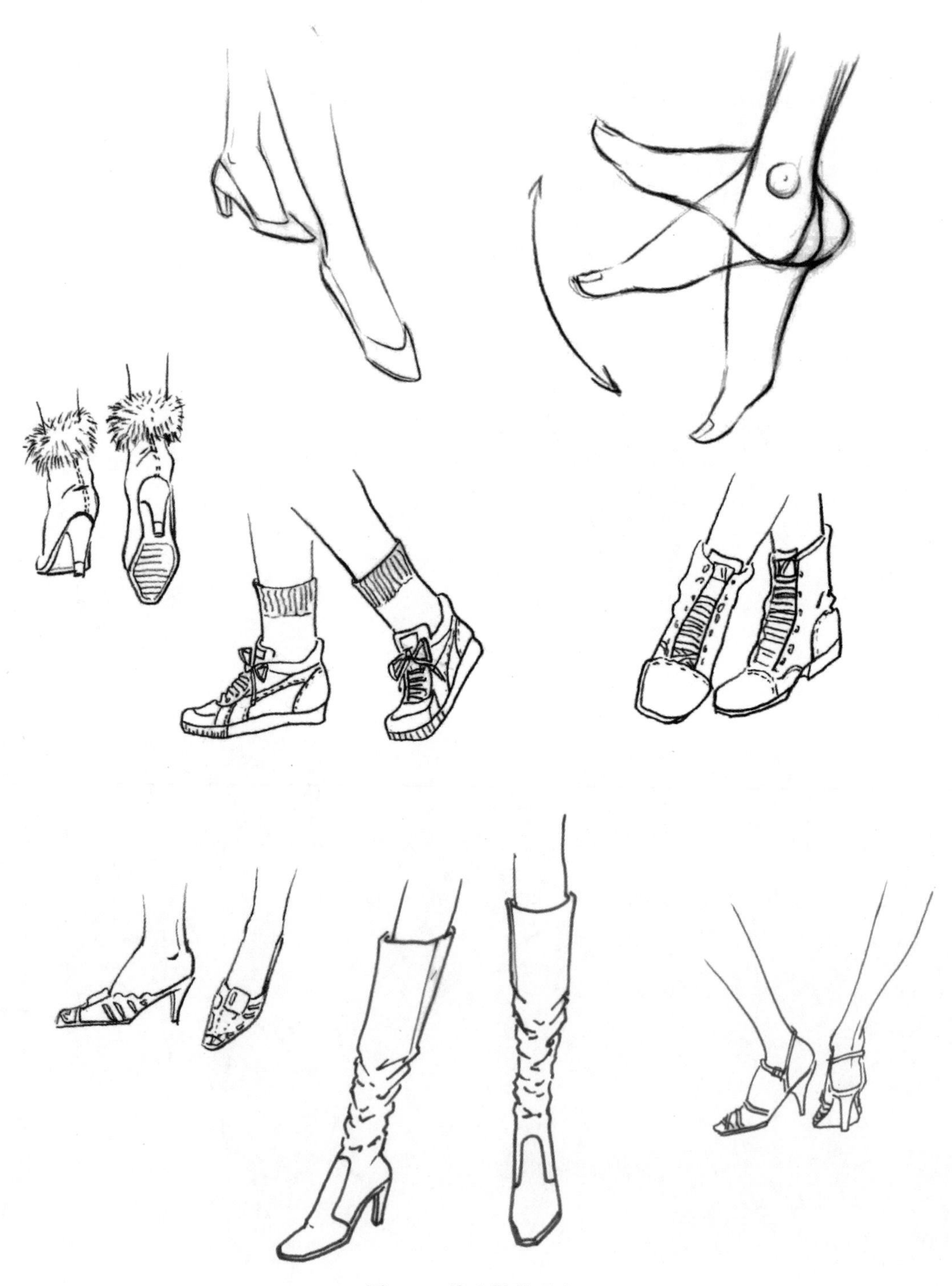

图2-19　脚和鞋的画法

第四节　服装画人体的应用

掌握了服装画人体的基本知识以后，就可以进行服装画的练习了。人体是服装的核心，人体起伏凹凸的身体结构，是服装裁剪中的曲、直、斜、弧以及服装制作中推、归、拔、烫等工艺手段的原始依据。服装设计是在平面的条件下进行立体的创造、表现和传达，设计图与服装实物有着较大的距离。服装的起伏和各种衣褶的处理，是初学者面临的一个非常棘手却又急需解决的问题，因为衣褶不但表现出不同的衣料质地和款式造型，还体现了服装和人体的空间关系。很多人在自己默画时只有僵硬的轮廓线和结构线，而表现不出人体与服装的关系；在写生或参考图片时，却能画出一大堆繁琐而无用的褶纹。要概括而准确地表现它，就必须了解它，有针对、有侧重地表现它。服装上的衣褶根据它的形成和功能，主要分成两个部分：一部分是由服装自身结构而形成的衣褶，是服装款式的一部分，是应该清晰地表现出来的；另一部分是因为人体的起伏运动而形成的衣纹，这一部分要根据服装画表现的需要有所侧重和取舍。

初学时我们可以把半透明的纸张放在画好的人体上面，这样可以依据下面的人体来表现服装的款式。为了避免开始时思考款式带给我们的影响，可以参考一些画报上的比较简单的服装款式来练习。图2-20就是一种行之有效的练习方法，先选择一个人体动态，附一张半透明的纸张，如硫酸纸或者拷贝纸都行，只要能看到下面的人体就好，参考自己喜欢的款式图片，就可以在人体上面进行描画了。要注意服装和人体之间的空间，还有材料的质感以及衣纹的处理。画完后，可以拷贝到其他的纸张上，为下一步深入表现作准备，这样，一张服装画就完成了。一开始不要选择太复杂的款式和人体动态，可以从一些简单的练习开始（图2-21~图2-26），这些款式虽然简单，但是练熟了就很容易表现其他复杂的式样了。

如果能较好地处理这些问题，你的服装画就基本上入门了！

图2-20　一种行之有效的练习方法

图2-21 依据同一人体的不同款式练习

图2-22　简单款式练习

图2-23　简单的着装练习1　作者：刘玥

图2-24　简单的着装练习2　作者：刘玥

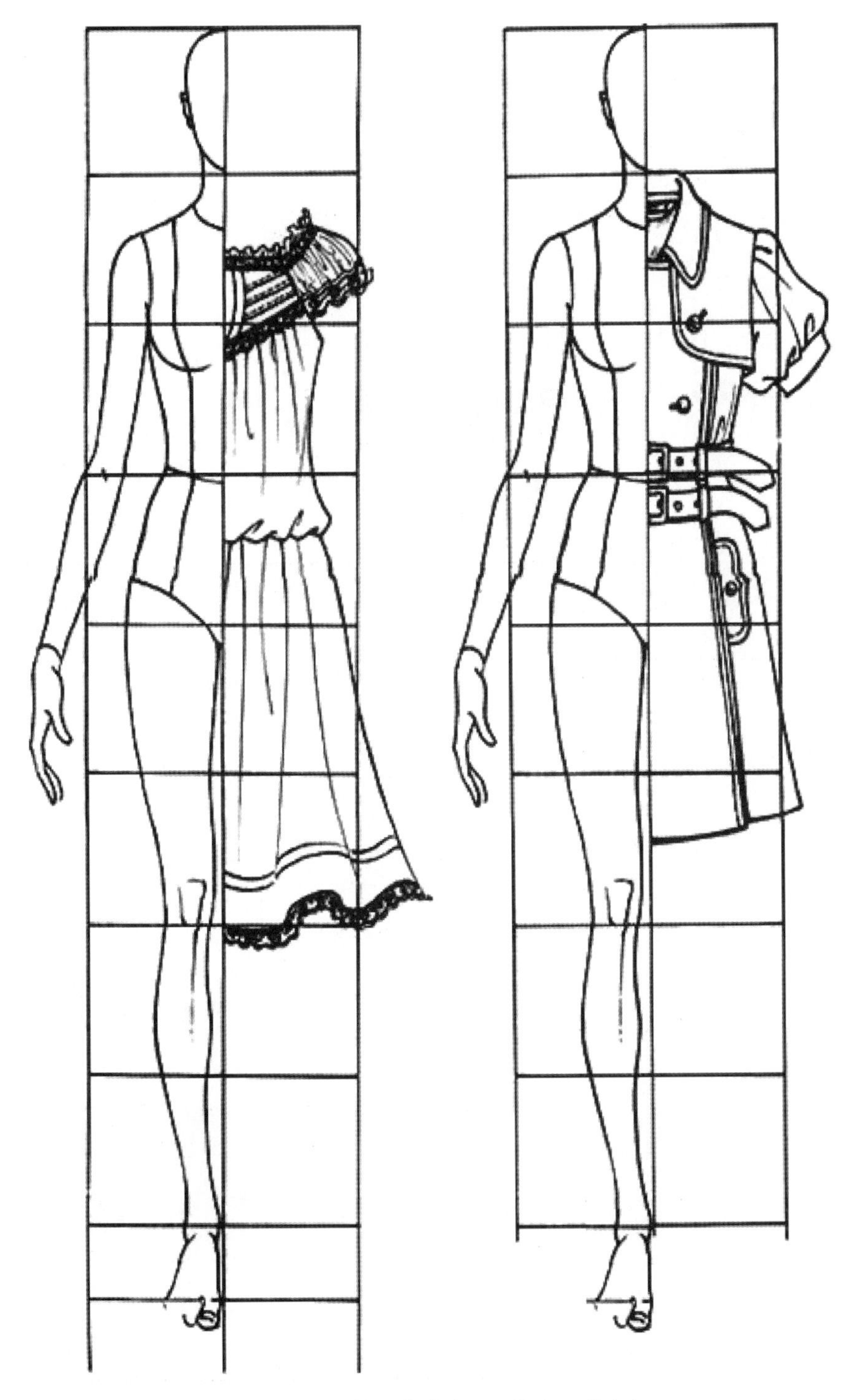

图 2 –25　人体与款式练习　作者：邓光宇

图 2 –26　衣纹的表现可繁可简，但结构性的线条尽量保留

本章小结：

熟练掌握服装画人体的基本知识，熟悉人体结构和体块构成，了解人体的运动规律。通过练习能够准确刻画人体的细节，能够运用人体进行服装画的创作。

学习重点：

人体的动态和运动规律，人体与服装款式之间的关系。

思考题：

1. 人体的运动规律是什么？如何掌握人体的运动规律？
2. 如何通过人体理解服装的款式？在表现服装款式时要注意哪些问题？

基础篇

第三章

服装画的基础表现

课题名称： 服装画的基础表现

课题内容： 了解服装款式图的特征及意义，熟练掌握服装款式图绘制方法。

课题时间： 20课时

教学目的： 认知服装款式图的概念，明确区分服装款式图及服装效果图，掌握几种款式图的绘制方法，掌握不同品类和材质服装款式图的表现重点，了解几种款式图的表现方法。

教学方式： 理论讲解、示范教学、多媒体辅助教学。

教学要求： 要求学生熟练使用几种服装款式图的方法绘制各类材质的服装及服装细节。

作业布置： 要求学生熟练掌握服装画的基础绘制方法。

第一节 服装款式图的特征及意义

服装款式图是服装画的重要组成部分。服装款式图又称为服装结构图，指服装及服饰品的平面展示图。款式图可以作为服装工业化生产的依据，也可以作为对服装效果图的辅助和补充说明。着装效果图，是设计师借助一定的艺术表现力而绘制出的展现服装整体搭配效果的图，而款式图则是按照正常人体和服装的比例关系进行绘制的，用平面的形式表现服装的款式结构，可以更加清晰明确地展示效果图中被忽略的服装细节，较全面地从正面、背面、侧面以及局部展示设计全貌。款式图往往成为纸样设计的依据，它既是设计师设计意图的表现，又是制板师、工艺师制作成衣的重要依据，服装款式图是保障生产产品效果的基本条件，是服装生产与流通中重要的参考依据。绘制服装款式图的方法主要包括手绘、电脑绘制或手绘与电脑绘制相结合的方法等（图3–1~图3–3），也是服装设计人员必须掌握的基本技能之一。

图3–1 手绘的服装款式图 作者：马静

图3-2　电脑绘制的服装款式图　作者：郝蕾

一、服装款式图的特征

服装款式图（图3-4）最大的特征是工艺性、工整性、细节性、实用性强。款式图要体现服装各部位的比例关系、款式细节、工艺制作方法等内容。它包括服装的正面和背面的款式结构、省位变化、各种分割的细节、纽扣的排列以及口袋的位置等详细的图解。

图3-3 手绘与电脑绘制相结合的服装款式图（“Fashion Trends”2012秋冬欧美男女休闲装款式）

二、服装款式图的绘制要求

服装款式图追求准确的尺度，各个部位的形状与比例要符合服装的规格尺寸；服装款式图的线条和字体要求规范、清晰，要体现服装结构图中的工艺美感；服装款式图追求工

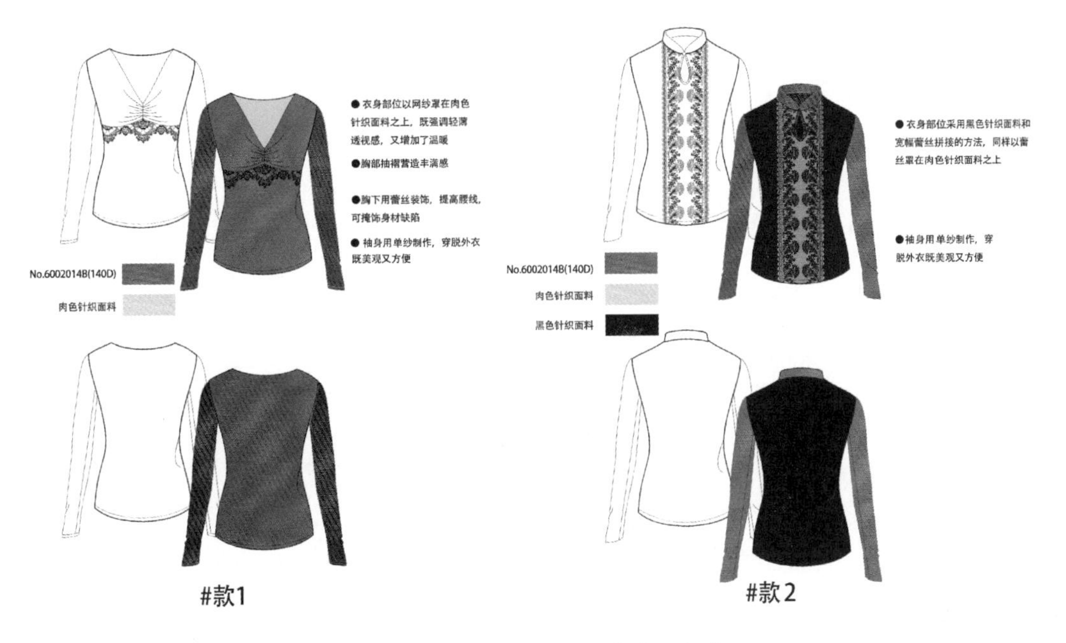

图3-4　服装款式图　作者：郝蕾

整严谨的作风，画面要求整洁。

服装款式图的作用很重要，但是学习画款式图，并不像画效果图那么难，只要多思考、多练习，就能画好款式图。

第二节　服装款式图的基础训练

一、绘制服装款式图应注意的问题

1. 比例关系

在绘制服装款式图时，我们首先要注意服装的外轮廓与服装内部结构的比例关系，即从整体出发，采用从整体到局部的绘制方法，也就是说先绘制服装的外轮廓，将外轮廓的比例关系调整好，进而再绘制服装的主要部位以及各个细节，必要时还可以借助尺规来准确地把握比例。

2. 左右对称

人体的基本特征决定了人体是有一定对称性的，也就是说沿着人中、肚脐画一条垂线，人体的左、右两部分是对称的，所以服装的主体结构一般情况下必然也会呈现对称的结构。在绘制服装款式图时，我们一定要注意服装的对称规律。如果是用电脑软件（CorelDRAW等）绘制，可以先绘制中心线的一侧服装结构，再用复制工具复制到另一侧即可（图3-5）。同样，如用手绘的方法绘制款式图也可参照此方法。

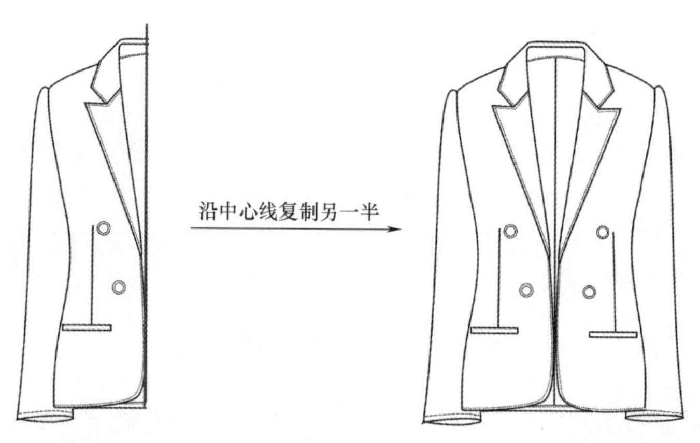

图3-5 服装款式图左、右对称的绘制方法 作者：郝蕾

3. 线条流畅

在绘制服装款式图时一般都是由单线绘制而成，这就要求线条应准确、清晰、流畅，不可模棱两可，如果画得不准确要用橡皮擦干净，再次画下更改的线条，因为只有这样才不会造成制图打板人员的误解，保证服装的顺利生产。除了将线条画准确之外，我们还要注意绘制中线条的美感，可以用不同粗细的线条表示不同的线。一般来说，外轮廓线用粗线表示，中粗线表示服装内部的大结构，细线用于刻画服装细节部位和结构比较复杂的部分，而虚线主要表示服装上缉明线的部位以及线迹的规格（图3-6）。

4. 标注说明

服装款式图绘制完成之后并不是完全结束，为方便打板人员和样衣工更准确地理解服装并完成服装的打板和制作，还需标注出成衣的具体尺寸（如衣长、袖长、袖口宽、肩斜、领深等）、工艺制作的要求（明线的线迹种类及规格、服装印花等的特殊工艺和位置、扣位等）、面料的搭配以及在服装款式图上无法表达的所有细节。

另外，在服装款式图旁边一般要附上面料、辅料（纽扣、花边以及特殊装饰材料等）小样，这样可使工作人员在服装生产过程中更加准确直观地了解设计师的设计意图，并为

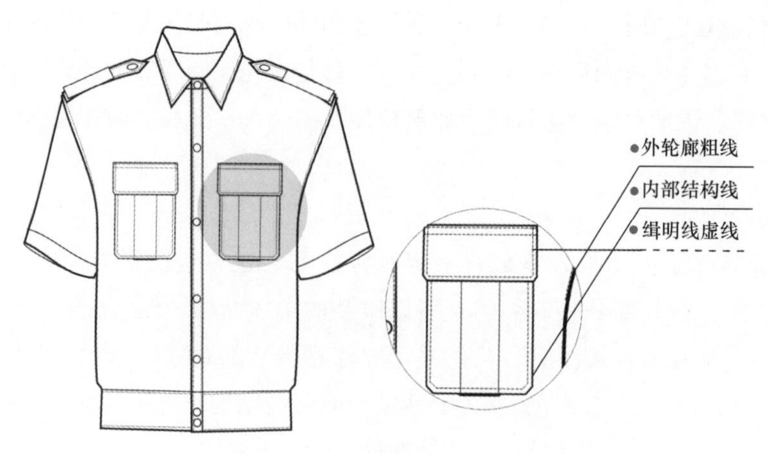

图3-6 服装款式图中线条的运用 作者：郝蕾

采购面、辅料提供重要的参考依据（图3–7）。

服装款式图中的一些细节也可用标注的方法来表示，通常可以用局部放大的方法来展示图上不好刻画清晰的细节部位。一定要将细节交代清楚，这一点设计师不能怕麻烦。

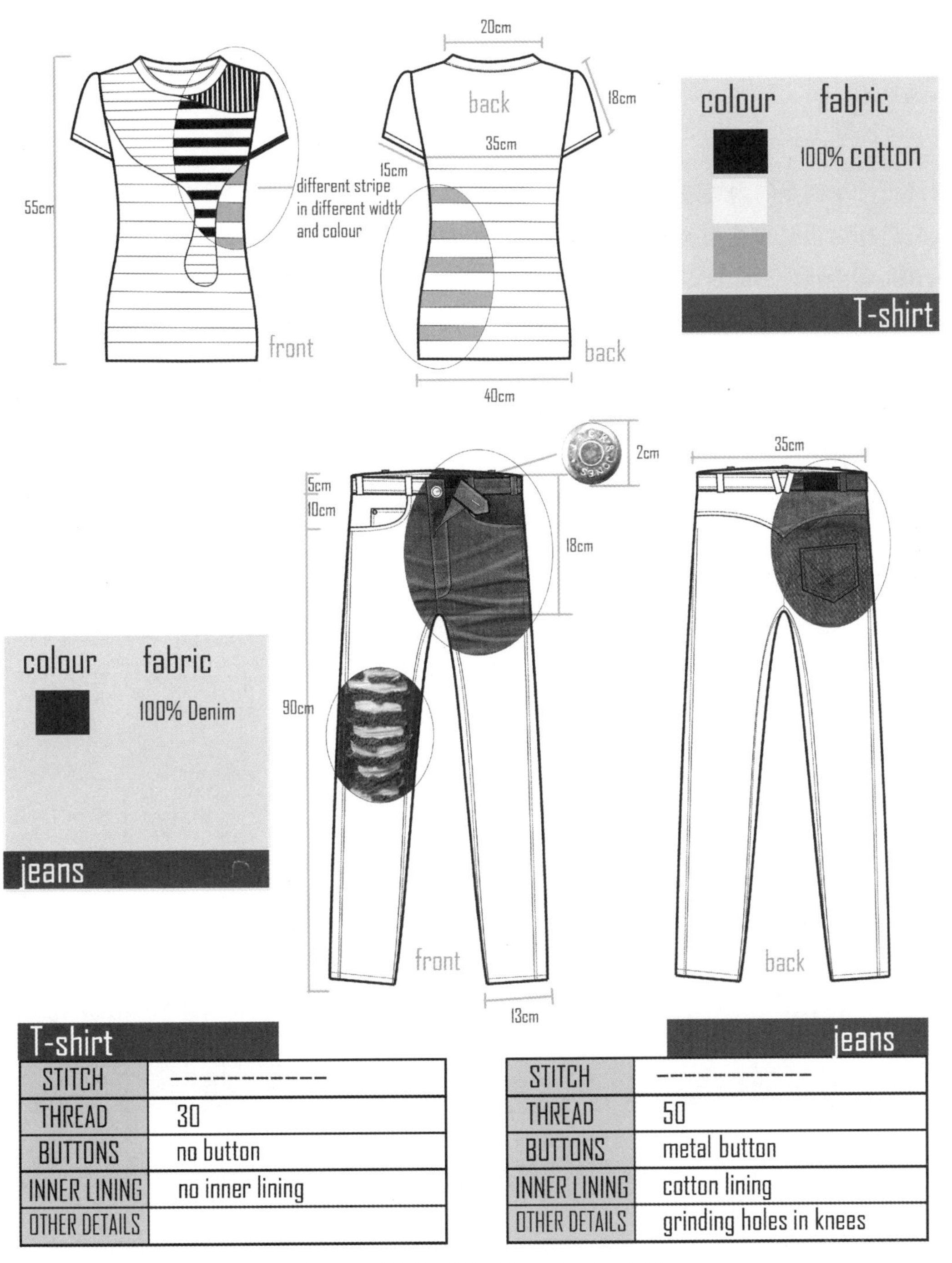

T-shirt

STITCH	------------
THREAD	30
BUTTONS	no button
INNER LINING	no inner lining
OTHER DETAILS	

jeans

STITCH	------------
THREAD	50
BUTTONS	metal button
INNER LINING	cotton lining
OTHER DETAILS	grinding holes in knees

图3–7 服装款式图的标注 作者：郝蕾

二、绘制方法

1. 比例绘制法

绘制前片的方法：

（1）基本线：将20cm作为一个基本单位⊙，设定3个基本单位（60cm）为高，2个基本单位（40cm）为宽。将水平线分别设定为上平线、胸围线、腰围线和臀围线（图3-8）。

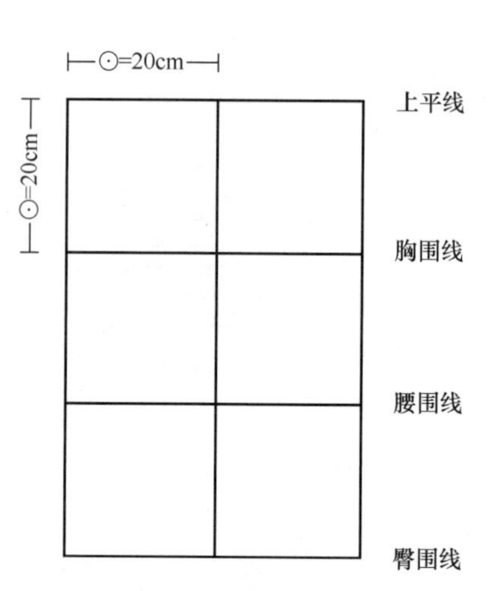

图3-8　前片基本线

（2）基础线：从上平线向下量⊙／6≈3.3cm设为落肩线，从外端点向内缩进⊙／6≈3.3cm为肩宽线。落肩线与肩宽线相交的点为肩点。从上平线的中点向下⊙／2=10cm设为前领口点，从上平线的中点分别向左、右各⊙／3≈6.6cm设为颈肩点（图3-9）。

（3）在中线的右边画1.5cm的搭门线，参考颈肩点、前领口点，在搭门线上确定领翻折线，并画出领面的形状（图3-10）。

（4）连接颈肩点与肩点，作肩斜线。将腰围线上提⊙／6≈3.3cm定为实际腰围线，在实际腰围线上缩进⊙／6≈3.3cm定点，画弧线连接肩点和实际腰围线上的定点，顺势画出侧缝线和底边的弧线（图3-11）。

（5）参考侧缝曲线，画出服装的结构分割线（图3-11）。

（6）从肩点向下画弧线至臀围线左右，上弧下直，确定袖口宽度为⊙／3≈6.6cm，画出袖子的内弧线，交于衣身与胸围线下（图3-12）。

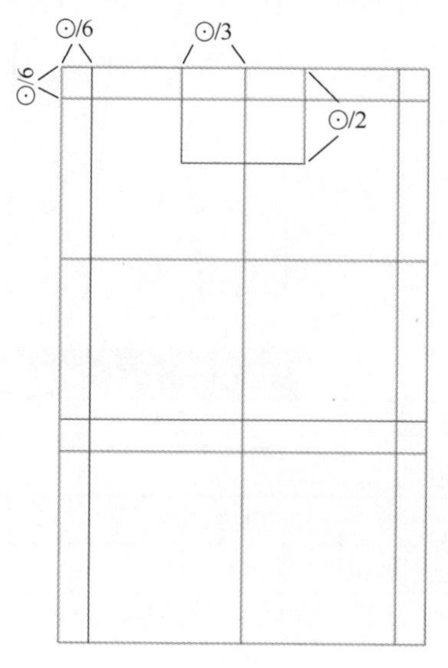

图3-9　前片基础线

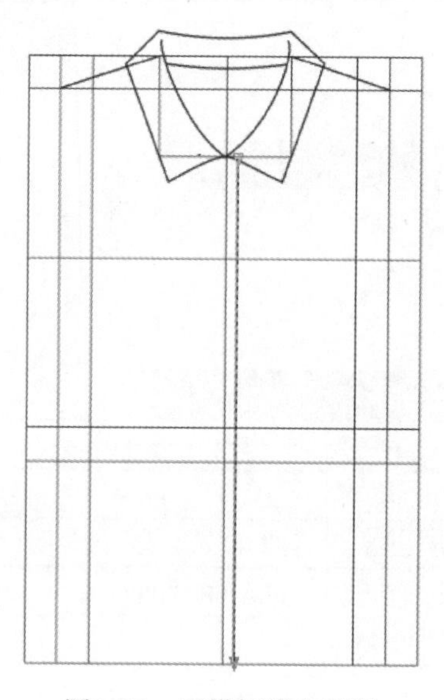
图3-10　画搭门线和翻领

（7）画出细节，如纽扣、袋口等（图3–12）。

绘制后片的方法（图3–13）：

（1）重复前片的方法绘制基本线、基础线，画出衣身、衣袖轮廓线。

（2）从上平线向上1.5cm为后领高，画出后领的形状。

（3）画出省道，描绘款式细节。

（4）整理完成。

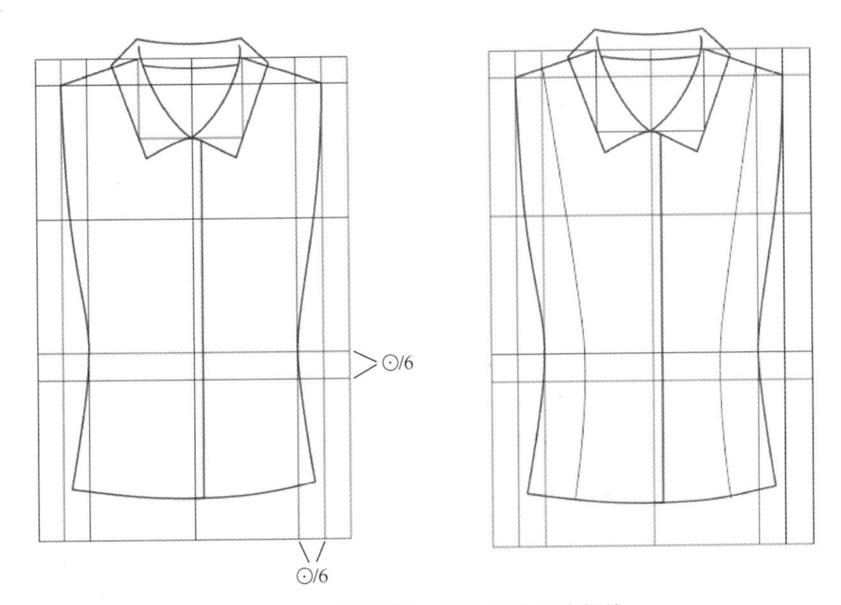

图3–11　画侧缝线、底边弧线和分割线

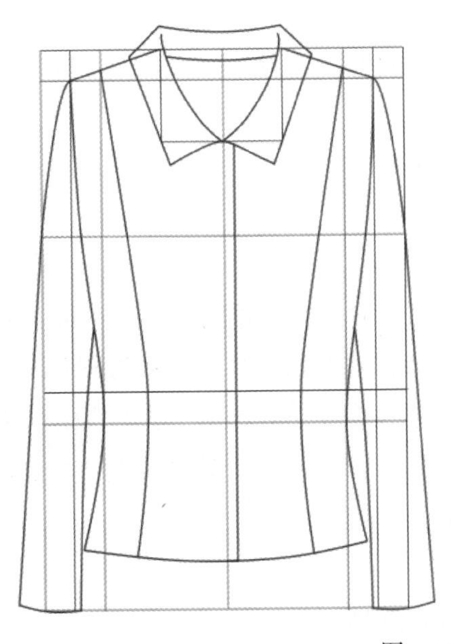

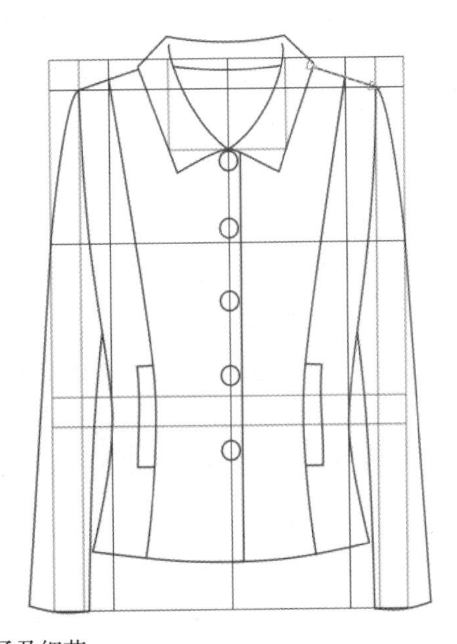

图3–12　画袖子及细节

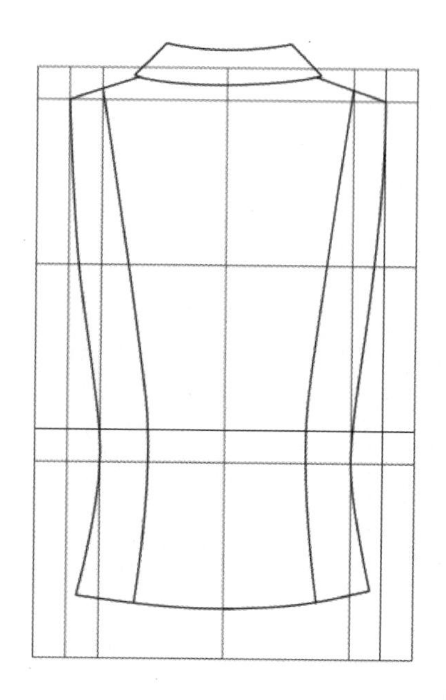
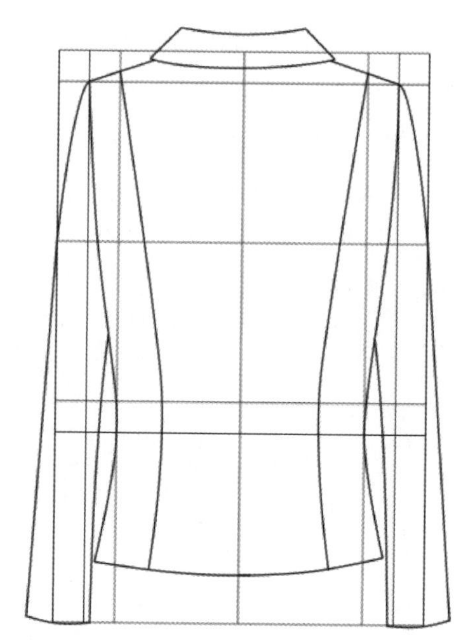

图3-13　绘制后片

2. 服装模板绘制法

在服装款式图绘制之前，可先选择相近的服装品类模板（图3-14），在此类模板基础上按照设计师的意图进行新的款式的绘制，建议建立属于自己的模板库。在服装品类模板的建立中，尽量选择每个品类中比较基本的款式，切勿复杂，每类选择1~2个即可，并保证每个品类的款式图的比例一致，这在日后的工作中可以给设计师提供很多方便。这种方法既快速又简便，是批量绘制服装款式图的方法之一。

具体绘制方法如下：

（1）选择品类、款式相近的现成服装款式图作为模板。

（2）再选取一张比较薄或透的纸，如复印纸、硫酸纸等附在模板之上，将服装大形拷贝下来。

（3）在拷贝出的基本形上根据情况进行局部的修改和完善。

3. 人体模板绘制法

人体模板绘制法也是现今比较常用的一种绘制方法，可根据需要先建立人体线稿库（图3-15、图3-16），包括男装、女装、童装等。在人体线稿库的建立上，尽可能选择人体比例接近正常人、比例匀称的人体线稿。因为服装款式图相比服装效果图来说，要求更加符合实际穿着需要。在绘制服装款式图时，可以在人体线稿上直接绘制款式图，这种方法的优点在于可直观地把握服装在人体上的视觉尺寸以及放量等，帮助设计师更加准确地进行款式图的绘制。

绘制步骤（图3-17）：

（1）先按照服装人体的比例绘制出正面直立人体模板。

（2）在模板上面附透明的硫酸纸，然后按照人体模板的比例画出相应服装款式的外

图3-14　常用男、女款式图模板　作者：郝蕾

轮廓。

（3）服装款式图从后领中线开始画起，然后画肩部、袖子、底摆等外轮廓。之后画领面、结构线、省道、图案等细节部分。画肩部时应依据款式定出肩部的宽窄，另外，要

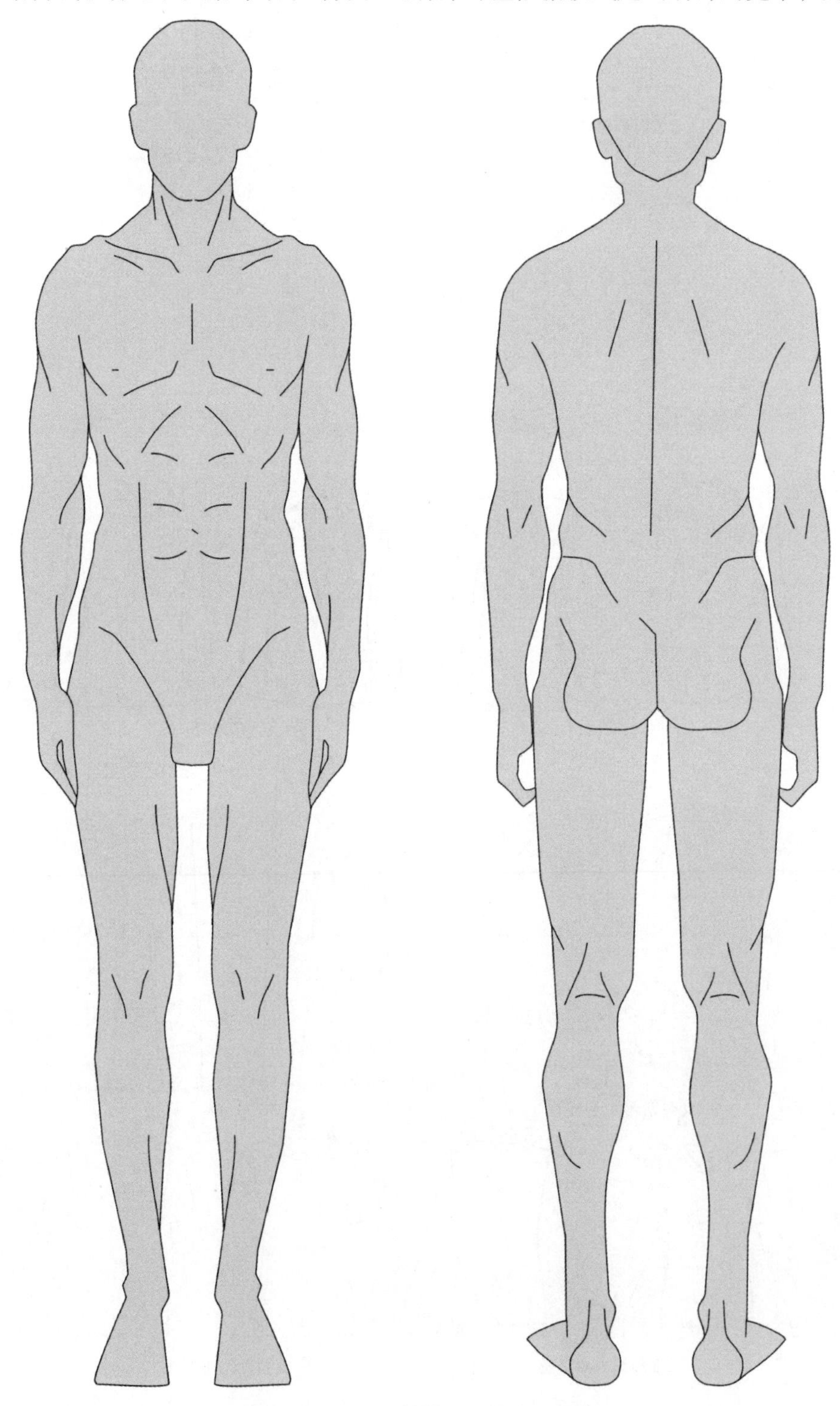

图3–15　男性人体模板　作者：郝蕾

考虑面料的质地。在肩和袖相交的部位要表现出袖窿。

（4）画服装款式图时要注意留出一定的活动量（放松量），具体情况依照面料质地及服装款式而定。

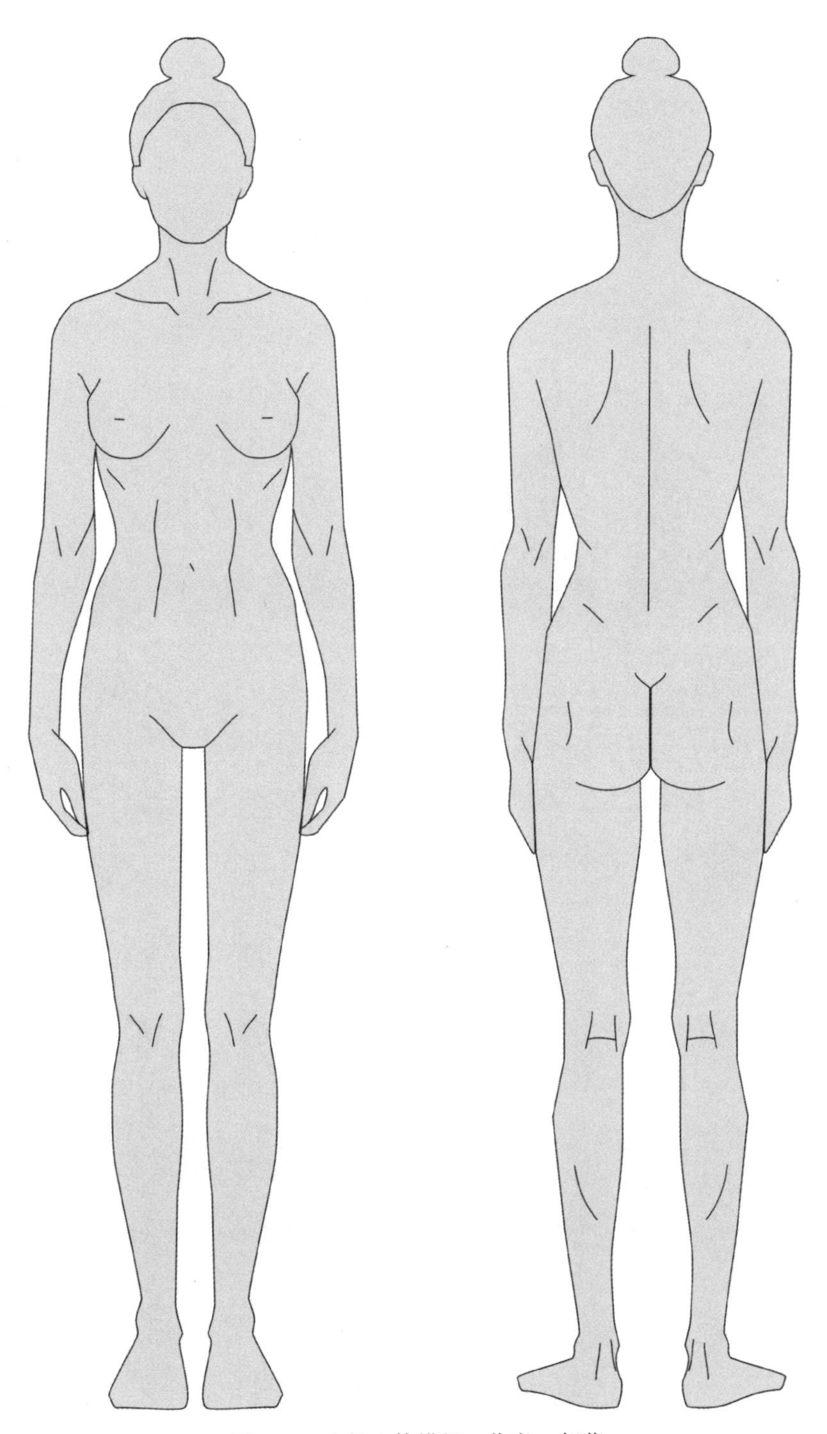

图3-16　女性人体模板　作者：郝蕾

（5）如果是对称式的服装，可先绘制出服装的一侧，准确无误后拷贝服装的另一侧，最后进行服装细节的处理。

4. 基本型绘制法

基本型绘制法是介于服装模板绘制法和人体模板绘制法之间的一种方法，基本型模板分为三种：男装基本型、女装基本型和童装基本型。这种方法的发挥空间较大，不拘泥于某种款式，应用较为广泛（图3–18）。

基本型绘制模板和人体模板的使用方法大致相近，同样要注意对服装比例的把握（图3–19）。

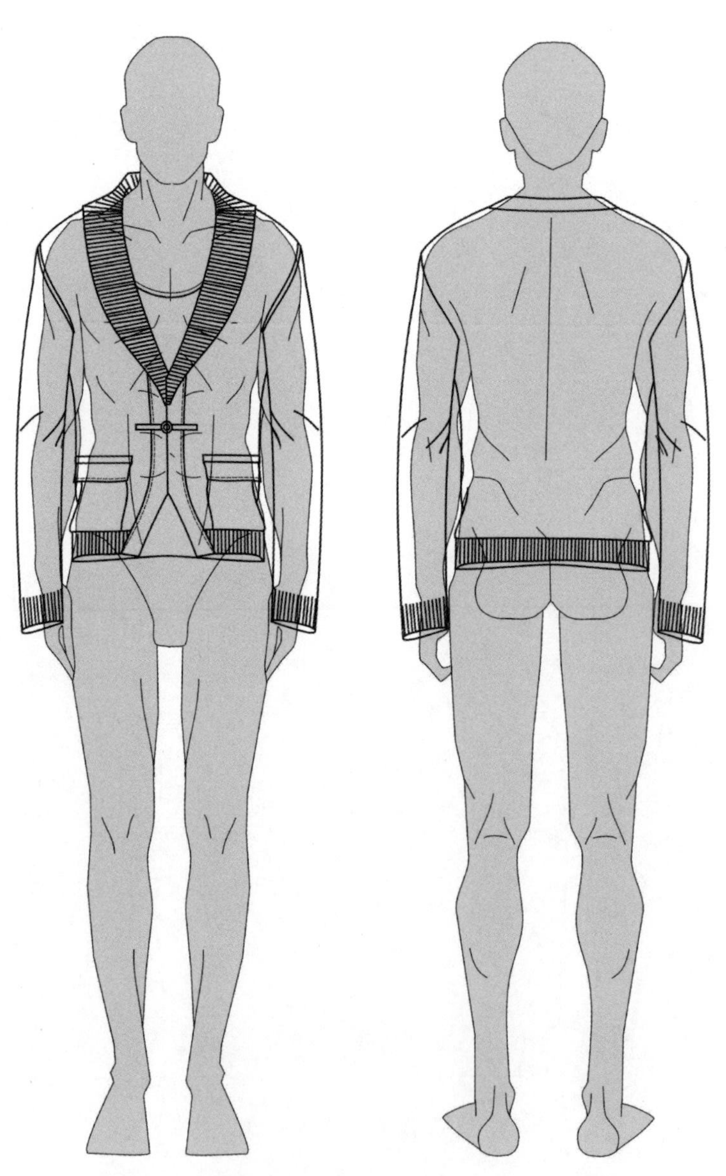

图3–17　在男性人体上进行毛衫绘制　作者：郝蕾

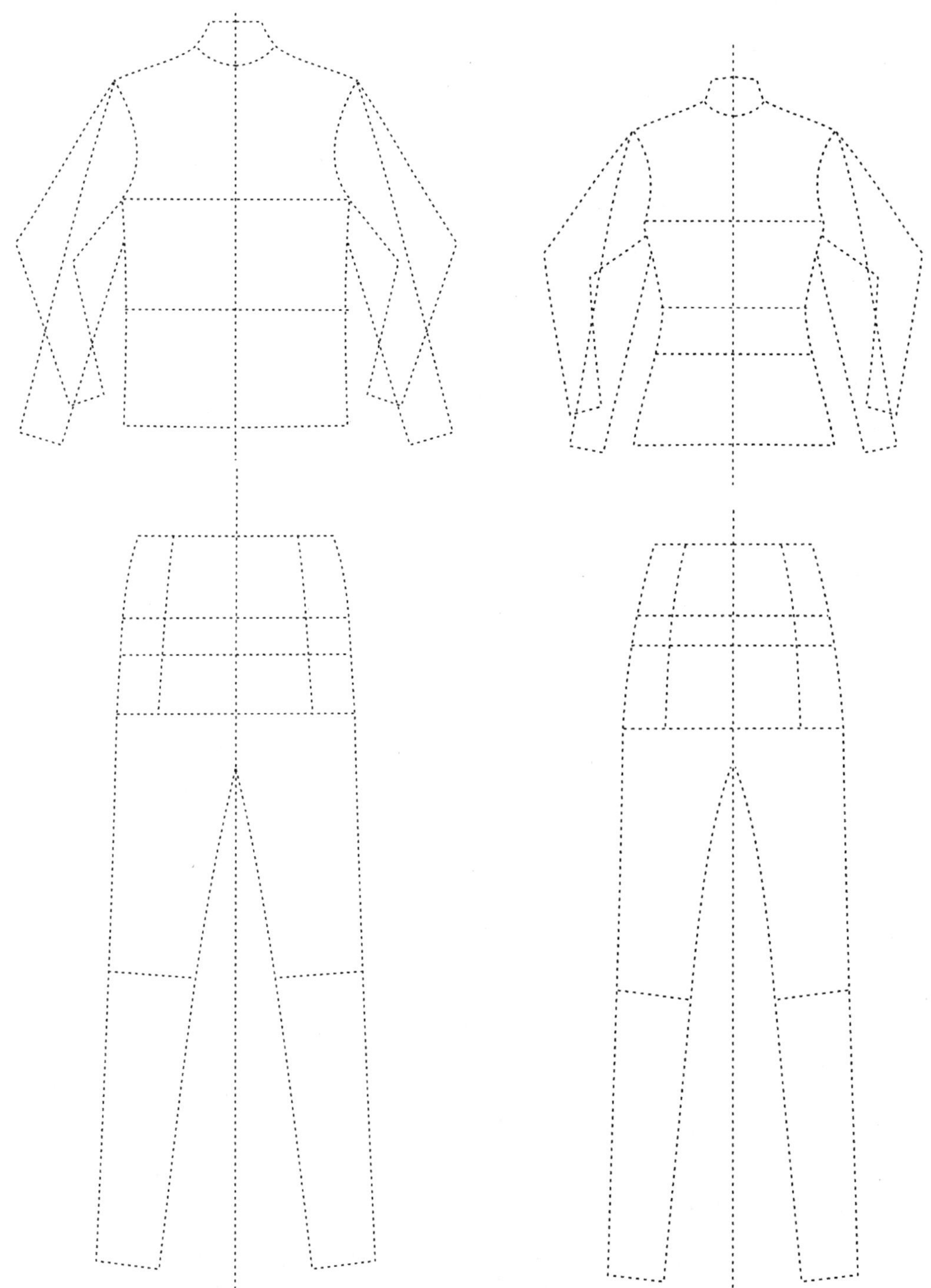

图3-18　男、女装基本型绘制模板

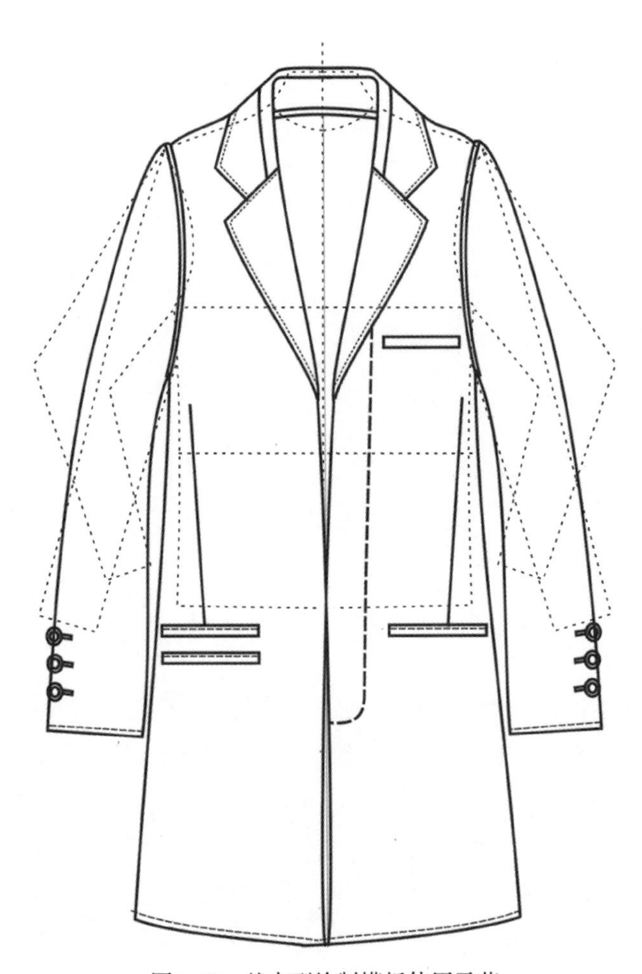

图3-19 基本型绘制模板使用示范

课堂练习：

1. 运用比例法绘制女式上衣2款。

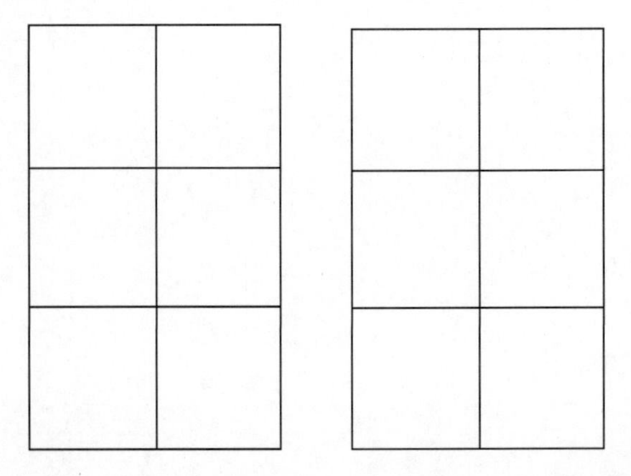

2. 根据服装模板绘制法，绘制女上装、女下装、男上装、男下装各2款。

3. 根据人体模板绘制法，绘制女上装、女下装、男上装、男下装各2款。

4. 根据基本型绘制法，绘制女上装、女下装、男上装、男下装各2款。

第三节 服装款式图的细节表现

一、领

领子先从后领开始画，把领口的曲线画出弧度来，然后画出开领的形状，再画领面的形状（图3-20）。画对称式领型时要注意左、右对称。

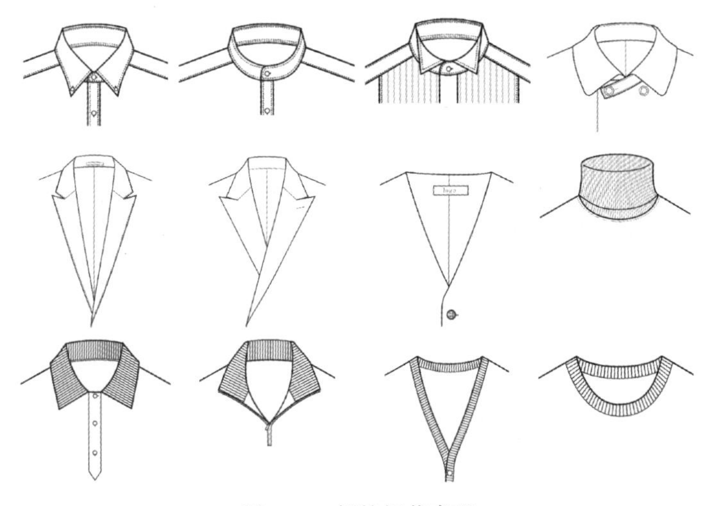

图3-20 领的细节表现

二、袖

袖子从肩部开始画，要表现出袖子的细节，如袖口罗纹或袖口纽扣等（图3-21）。画长袖时要注意弧线的角度和形状。

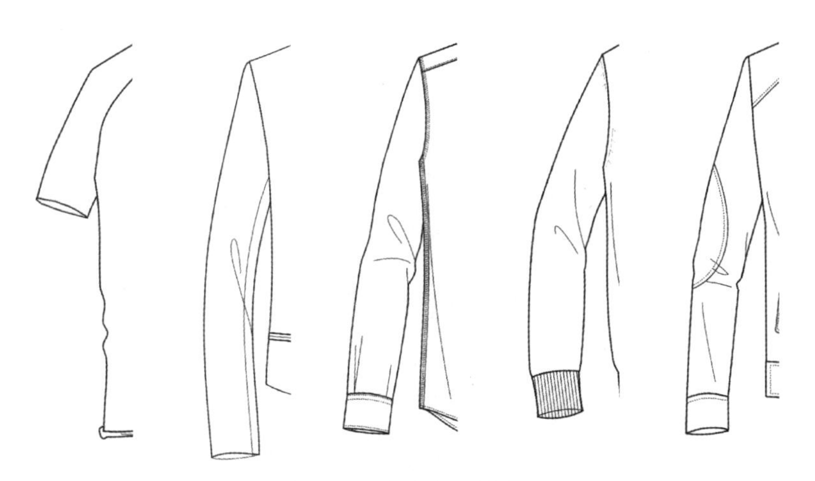

图3-21 袖的细节表现

三、女上装

女上装要先画大身，再画袖子（图3–22）。要把所有能看见的结构线、装饰线都画出来。注意服装的对称性，可先画出服装的一侧，画好后再对称地将另一侧画出。

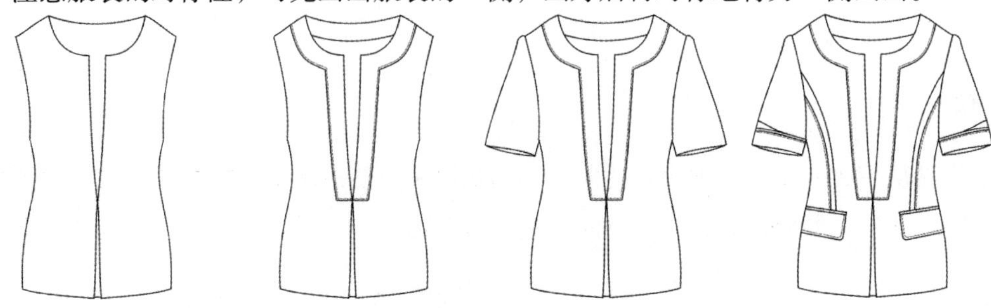

图3–22 女上装的细节表现

四、裙子

画裙子时，一般先画出腰头部位，再画出大结构，最后画出裙子上的一些结构线和细节（图3–23）。注意裙子腰、臀、底摆的宽度比例。

图3–23 裙子的细节表现

五、裤子

画裤子时，先画出腰头，然后画出裤子的大体形状，但要注意腰、臀的宽度比例，最后将缝迹线、纽扣等细节添加上去（图3–24）。

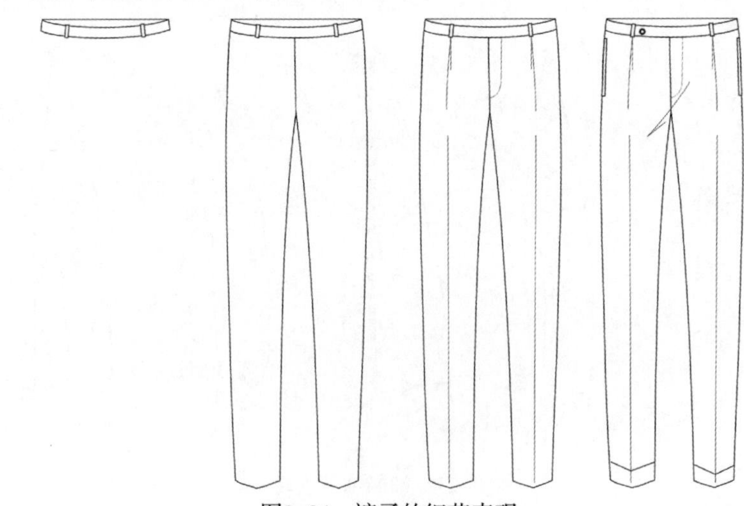

图3–24 裤子的细节表现

六、男上装

男上装和女上装的绘制步骤基本相同（图3-25），但要注意男性与女性的身材比例不同，男性肩部较宽，胸腰差较小。

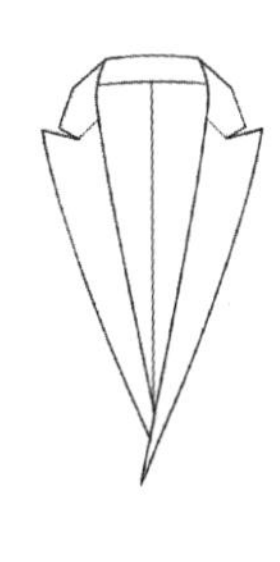
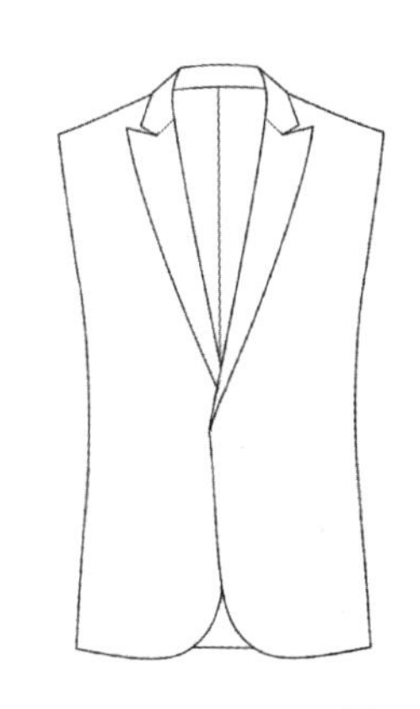
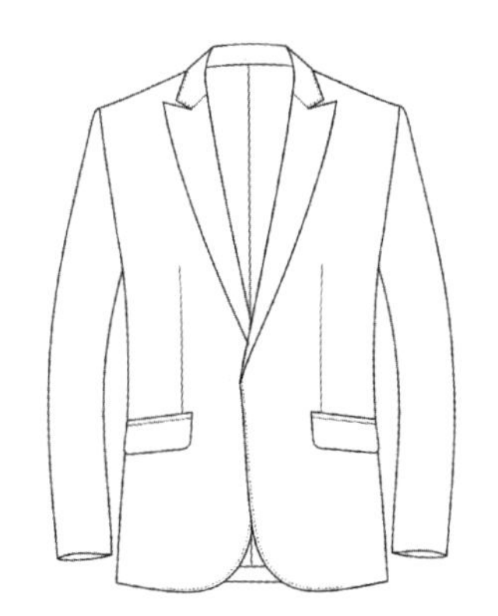
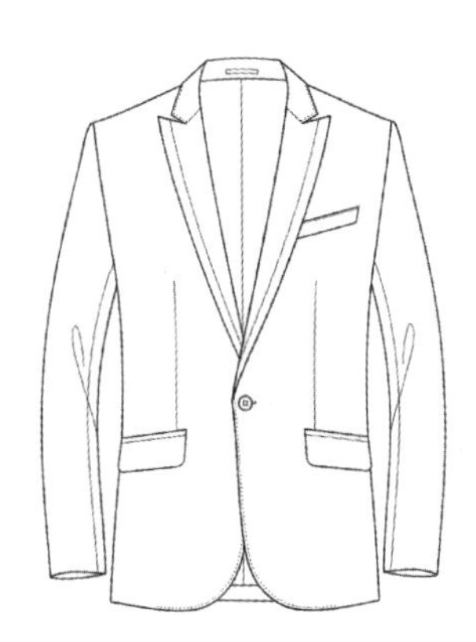

图3-25 男上装的细节表现

课堂练习：

1. 绘制领3款。
2. 绘制袖子2款。
3. 绘制男、女上装各2款。
4. 绘制裙子2款。
5. 绘制裤子2款。

第四节 服装材料的表现

一、机织服装

机织服装种类繁多，不同的材料有不同的质感，表现手法也各不相同（图3-26）。表现柔软的材料时，线条要柔和，不要有明显的棱角；表现厚重的材料时，线条要粗些，服装的边缘也要画得硬些。

二、针织服装

针织材料比机织材料手感柔软，悬垂性好。在绘制时，要注意线条的转折部分，不要有明显的棱角，要圆润流畅（图3-27）。在人体的支撑部位，要顺随人体的曲线，在腰部、臂部等部位应画出细密的褶皱。

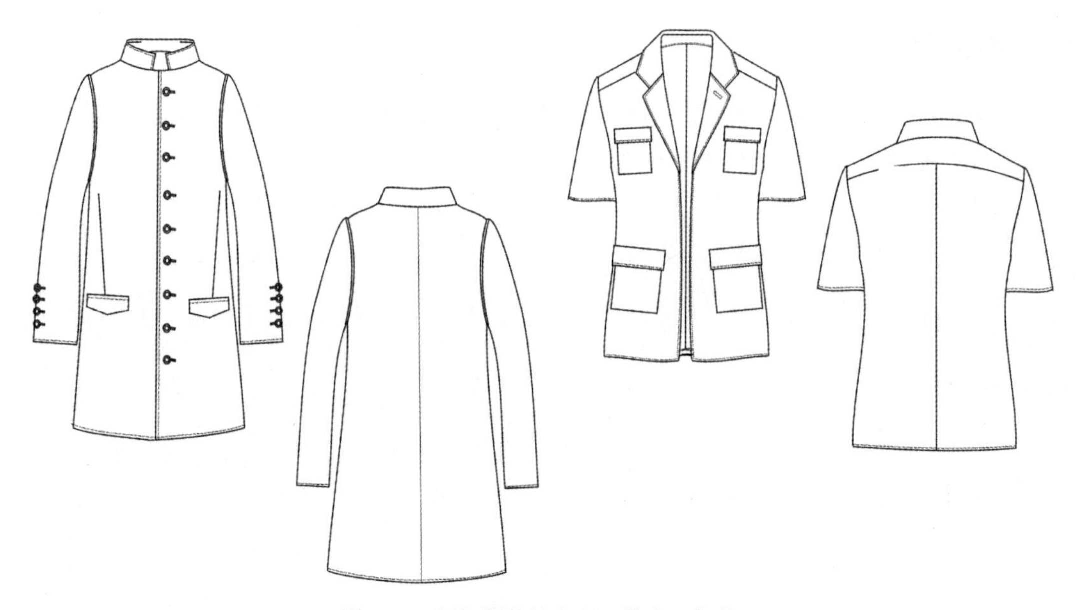

图3-26 机织服装的表现 作者：郝蕾

图3-27 针织服装的表现 作者：郝蕾

三、蕾丝服装

蕾丝服装的绘制重点在于表现其透明感和花纹图案（图3-28）。

图3-28 蕾丝服装的表现 作者：郝蕾

四、毛皮服装

不同的毛皮外观有不同的表现手法。画皮革服装时线条要硬些，光影的黑白反差要表现明显；而毛皮服装的表现则比较复杂，要先勾画出大的轮廓，然后再细致地描绘（图3-29）。要注意边缘的表现，运用快速、尖细的笔画表现皮毛的长度并佐以光影的处理。

图3-29 毛皮服装表现 作者：郝蕾

课堂练习：

绘制不同质地的面料各2款。

第五节　服装配饰的表现

服装配饰种类很多，包括首饰、鞋帽、包袋等。描绘时要注意不同配饰的结构。

一、包（图3-30）

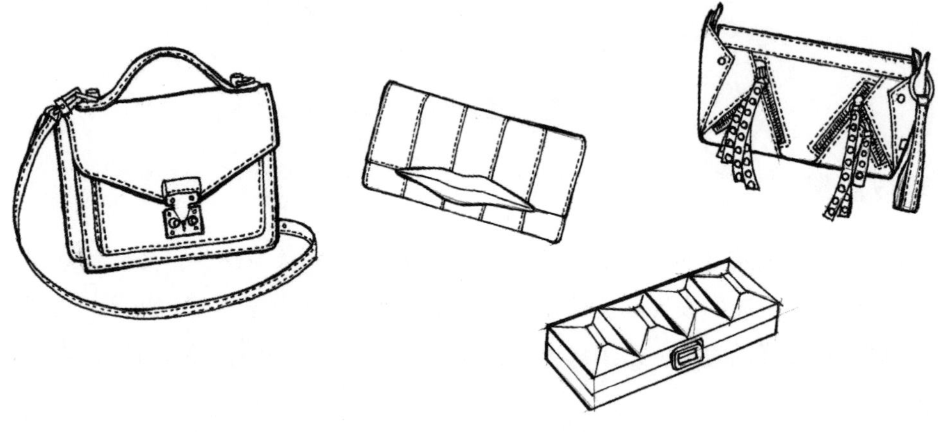

图3-30　包的表现

二、帽子（图3-31）

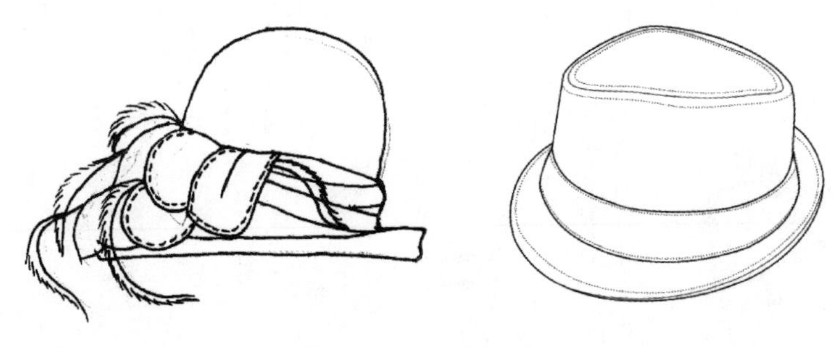

图3-31　帽子的表现

三、鞋（图3-32）

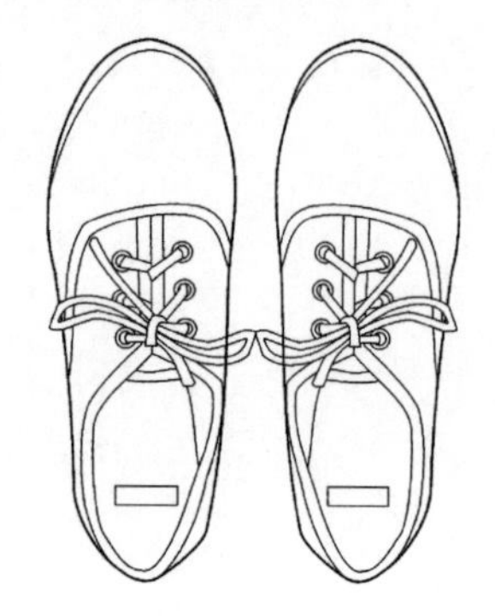

图3-32　鞋的表现

四、腰带（图3-33）

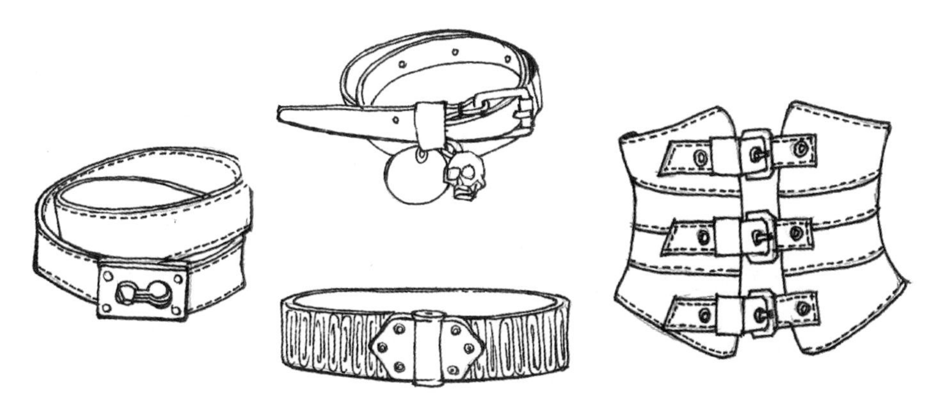

图3-33　腰带的表现

本章小结：

本章主要介绍了服装款式图的特征及意义、服装款式图绘制的基础训练方法以及服装款式图细节及材质的表现手法。

学习重点：

1. 几种款式图的绘制方法。
2. 用款式图表现不同材质的服装。
3. 服装细节的服装款式图表现。

思考题：

1. 说明服装款式图与效果图的区别？
2. 如何画好服装款式图，其绘制的要点是什么？
3. 绘制领、袖的款式图各5款。
4. 绘制上衣、裙子、裤子的款式图各5款。
5. 绘制4种不同材质的服装款式图。
6. 绘制包、帽、鞋、腰带等服饰配件各2款。

应用篇

第四章

服装画的表现技法

课题名称： 服装画的表现技法

课题内容： 绘画材料和工具基础表现技法分类表现技法

课题时间： 20课时

学习目的： 认识绘制服装效果图的常用工具，掌握不同工具、不同材质服装效果图的表现技法。掌握不同款式服装效果图的表现方法和特点，了解几种服装画的艺术风格和表现手法。

教学方式： 理论讲解、示范教学、多媒体辅助教学。

教学要求： 要求学生了解服装效果图在服装设计中的重要性，掌握基础绘画工具的使用方法，熟悉不同质感面料的绘制技法。

作业布置： 大量欣赏经典服装画作品，从中找出不同的表现技法。

服装画中最重要、最直观的是服装效果的表现，服装效果图即是运用绘画艺术手法表达服装穿着在人体上的直观效果。服装效果图不仅是服装设计中的一部分，也是服装信息交流的一种有效媒介，其特点为审美上的直观性和时尚性，在设计师灵感闪动的一瞬间可以将设计构思快捷地记录下来。作为一种具有艺术生命力的制图，好的服装效果图能够将服装本身的风格、魅力和特征通过多种艺术表现形式绽放于纸上。服装效果图和其他绘画形式一样有着丰富的表现形式和风格，每种表现形式风格各异，表现技法也千变万化。

第一节　绘画材料和工具

工欲善其事，必先利其器。在准备绘制服装效果图之前，要先准备好所用的材料和工具。手绘常用的工具包括：纸张、笔、颜料、辅助工具四类。在绘制时，可根据不同的风格和个人喜好选择工具。

一、纸张

手绘中常用的纸张有：水粉纸、水彩纸。这两种是最常用的纸张，另外还有素描纸、卡纸、复印纸和其他特种纸张。

二、笔

1. 涂色笔

手绘中，涂色笔是最常用的一种工具，它可以调和多种颜色，用于颜色的填充，可绘

图4-1　常用涂色笔

制出平涂、渐变、晕染等效果。涂色笔主要有：毛笔（白云笔、水粉笔、水彩笔等）、普通彩色铅笔、水溶性彩色铅笔、水性马克笔、油性马克笔、油画棒、色粉等（图4–1）。

2. 勾线笔

勾线笔一般分为软头勾线笔和硬头勾线笔两种（图4–2）。软头勾线笔通常选用一些毛质较硬的细头毛笔，如狼毫和叶筋等。硬头勾线笔一般包括绘图笔（针管笔）、钢笔、圆珠笔、铅笔等。

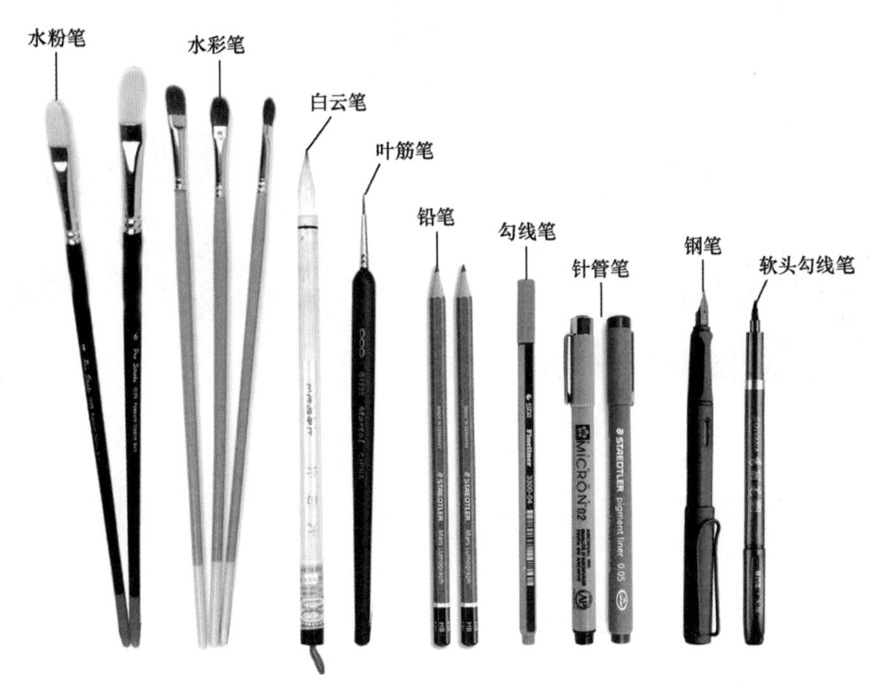

图4–2　常用勾线笔

三、颜料

颜料主要包括以下几种（图4–3）。

1. 水彩

水彩的特点是能够绘制出薄而透明的艺术效果，通常用来绘制薄透的衣料。有管状或瓶装的水彩色、国画色、透明水色等。

2. 水粉

水粉是一种覆盖力较强的不透明颜料，用途极为广泛。

3. 丙烯颜料

丙烯颜料干燥速度快、附着力强，具有良好的抗水性，可以在多种材质上作画。

4. 广告色颜料

广告色颜料与水粉、丙烯颜料相似，都具有不透明性、覆盖力强的特点，可反复多次上色。

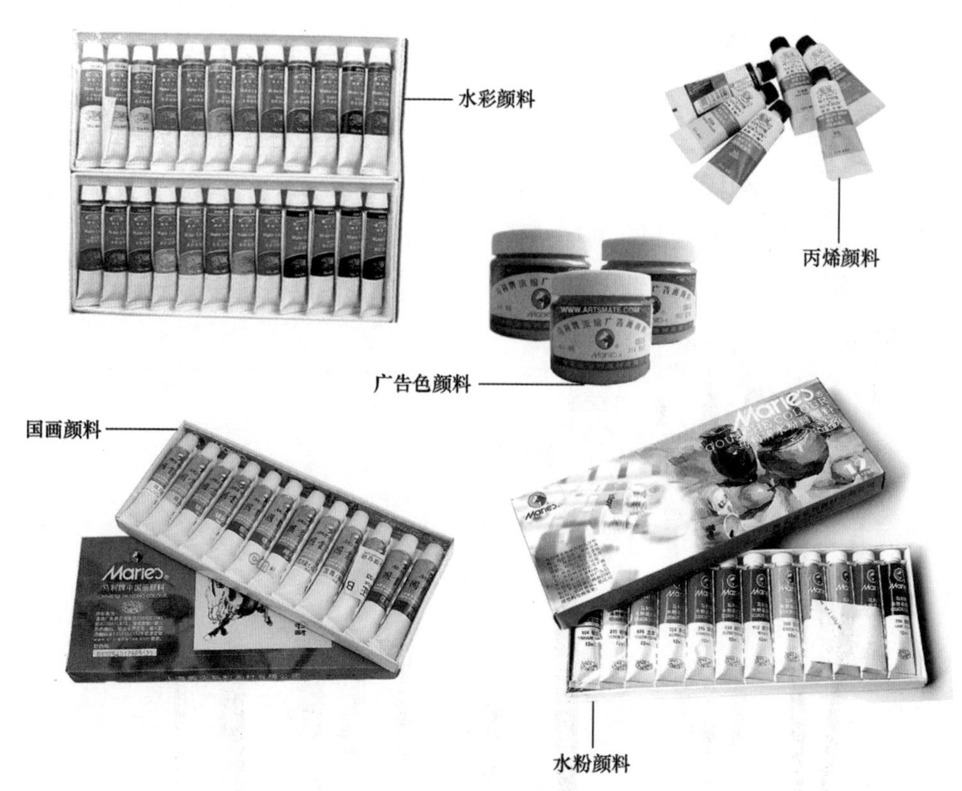

图4-3　常用颜料

四、辅助工具

除了上述常用手绘材料和工具外，手绘时还需要采用一些辅助工具，如固定纸张的画板、胶带、双面胶、夹子、图钉、调色盘、洗笔筒、尺子、裁纸刀、剪刀、橡皮、定画液等（图4-4）。

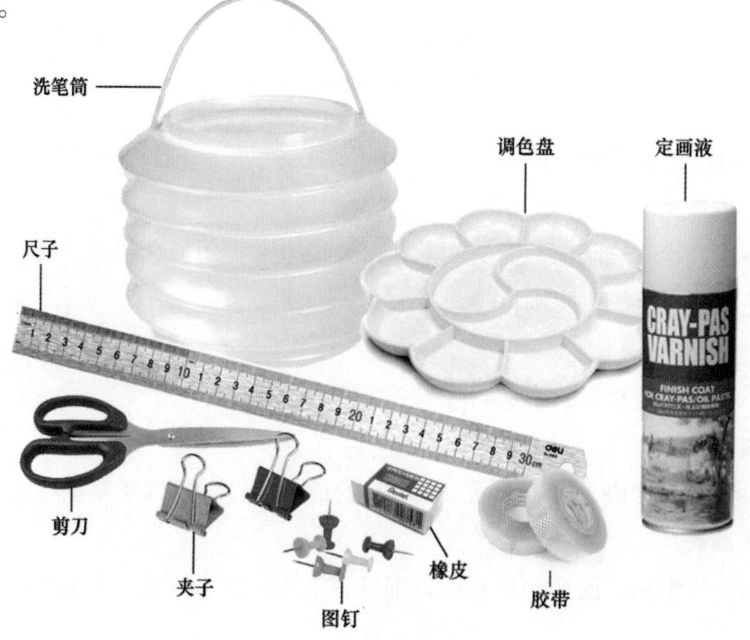

图4-4　常用辅助工具

第二节 服装效果图的基本表现技法

服装效果图的基本表现技法主要是根据不同的绘画工具种类进行划分。不同的工具形成了各自独立的艺术效果。作为优秀的服装设计师，应熟练地掌握各类表现技法，尝试用多种技法表现个人风格。

一、单一技法表现

（一）勾线表现技法

线作为基本的绘画表现形式在服装效果图中起着非常重要的基础作用，服装设计师可以根据不同的勾线工具以及不同的运笔方式获得风格迥异的勾线效果（图4-5～图4-8），如虚实、顿挫等。常用的勾线方式有以下几种。

1. 匀线

匀线指线迹均匀、流畅的细线，勾线效果类似白描，通过使用绘图笔（针管笔）、铅笔、钢笔、狼毫笔等来达到效果。

图4-5 勾线技法1 作者：王平

图4-6 勾线技法2 作者：杨佳

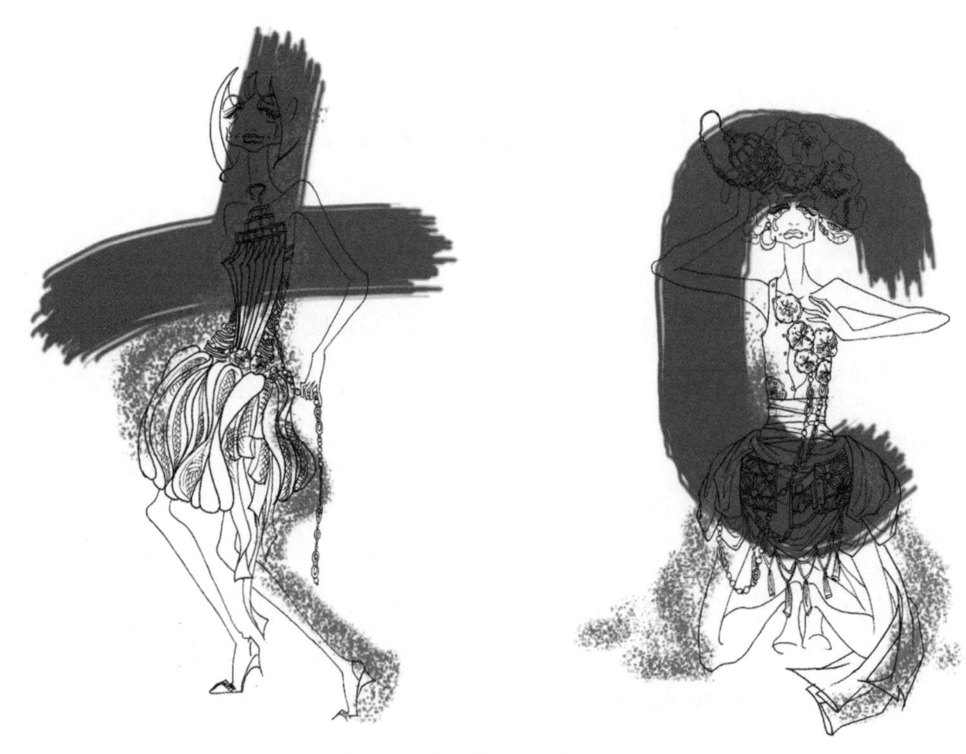

图4-7 勾线技法3 作者：罗洁

2. 粗线

粗线的主要特点是浑厚有力、粗犷豪迈。通常的使用工具包括：马克笔、齐头毛笔等。

3. 粗细结合线

粗细结合线是绘画中最常用的线迹之一，它集粗细线于一体，赋予线条丰富细腻的变化，能够很好地体现服装起承转折的变化。通常使用毛笔、钢笔等。

（二）水彩表现技法

水彩着色是充分运用“水”的特质来营造视觉效果的绘画途径，所以对于水的把握显得格外重要。在绘制中，一定要把握好水分和时间，下笔要准确，切勿多次修改。在服装画中，水彩技法适合表现比较轻薄柔软的面料，如雪纺、薄纱、丝绸等。水彩技法主要分为两大类：水彩湿画法和水彩干画法。

1. 水彩湿画法

水彩湿画法指充分利用水色在纸上的流动、湿度、晕色等构成流畅自然的艺术效果，适合表现质地松软或者光滑透明的材质，最适合表现毛、飘逸的丝质面料（图4-9～图4-11）。湿画法的特点是将笔触强度大大削弱，水和颜料混合形成柔和、易扩散的朦胧效果。在使用湿画法时，要根据纸的吸水程度选择用水的多少。但在具体表现中，若单一使用这种技法，易产生软弱无力的效果。在湿画法中，对于用水和时间的掌握显得尤为重要。

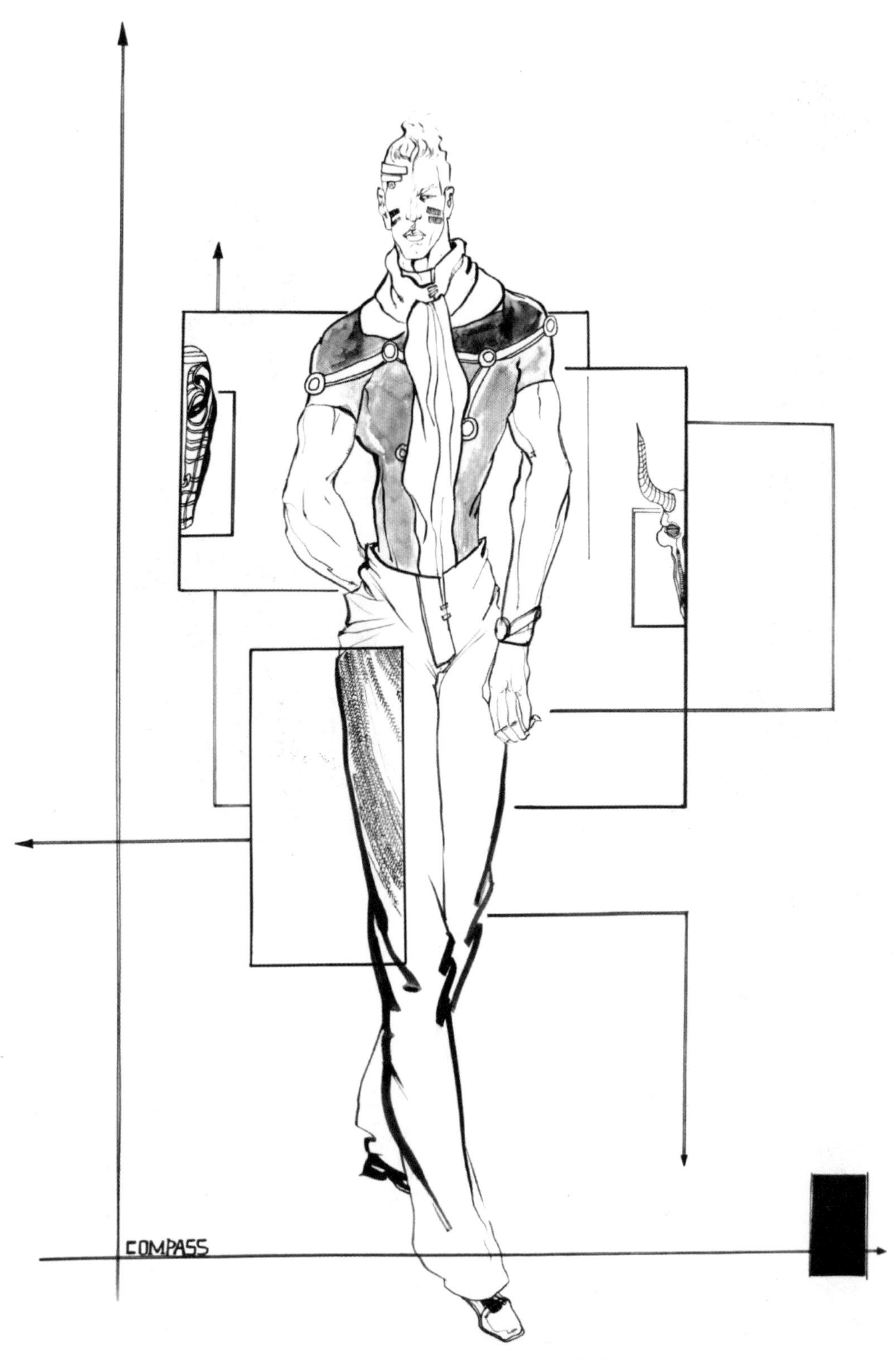

图4-8 勾线技法4 作者：钟斌

图4-9　水彩湿画法1　作者：曹勇

图4-10　水彩湿画法2　作者：吕钊

2. 水彩干画法

水彩干画法是相对于湿画法而言的，并不是像水粉颜料般堆砌，只是用水较少，笔触较为明显，有助于塑造形体与空间（图4-12~图4-14）。在服装画表现中，干画法一般与湿画法结合使用。

图4-11　水彩湿画法3　作者：杨佳

图4–12　水彩干画法1　作者：张钰

图4–13　水彩干画法2　学生作品

图4–14　水彩干画法3　学生作品

3. 水彩表现技法步骤示范（图4～15）

① 用铅笔在纸上淡淡地勾勒出人体和服装的基本轮廓，运用淡色线条固定图案大致位置。

② 给皮肤着色，先用平涂的方式大面积着色，再根据光源勾画阴影。

③先用水分饱和的色彩分别渲染每个区域，使颜色融合协调，待干时再用细勾线笔画出具体纹样。

图4-15 水彩表现技法步骤

（三）水粉表现技法

水粉表现技法指用水粉颜料通过不同干、湿、厚、薄效果表现的一种技法。薄画法同水彩色类似，可以表现出明快或飘逸的效果，而厚画法则可以体现服装面料浑厚的质感，还可通过笔触变化表现面料的肌理及纹样。

1. 水粉厚画法

水粉厚画法即调色时颜料多、水分少，色彩较为厚重，涂在纸面上有如油画一般，一般用于表现厚重、粗糙的服装质感（图4–16、图4–17）。常用技法为平涂、干扫等，切记不要来回涂抹，以免底色泛起。

图4–16 水粉厚画法1 学生作品

图4-17　水粉厚画法2　学生作品

2. 水粉薄画法

水粉薄画法指调色过程中水分多、颜料少，薄画法效果如水彩般淋漓，一般用于表现较为轻薄飘逸的面料（图4-18～图4-20）。

图4-18　水粉薄画法1　作者：吕钊

图4-19　水粉薄画法2　作者：王馨

图4-20　水粉薄画法3　作者：钱文婧

3. 水粉表现技法步骤示范（图4–21）

① 先用铅笔勾勒出人体和服装的基本轮廓，注意线条的流畅和粗细。

② 大面积平铺肤色和裙子底色，画笔水分要适中，颜色要饱和，然后加深阴影部色彩。

③ 刻画衣褶的立体效果，最后用勾线笔表现服装流苏、耳环等细节。

图4–21 水粉表现技法步骤

（四）彩色铅笔表现技法（图 4-22、图 4-23）

彩色铅笔也是服装效果图中常用的绘画工具之一。按照彩色铅笔的质料来分，有油性彩色铅笔和水溶性彩色铅笔两种。

1. 油性彩色铅笔

油性彩色铅笔能够较好地表现出细腻逼真的材质特征。在具体表现时，一般先以平涂的方式为主，然后进行勾线及细节处理，应避免一味刻画局部而忽略了整体效果。用笔讲究虚实关系，线条要方向一致，勿盲目来回涂抹。

2. 水溶性彩色铅笔

水溶性彩色铅笔具有可溶于水的特征，适用于表现轻薄飘逸的面料。它兼备水彩与油性彩色铅笔的特点，在干画时具有油性彩色铅笔的效果，加水溶解后又显示出水彩般的特性。绘画时，一般使用干湿结合的方法，先用水溶性彩色铅笔画出大色块，然后用水加以晕染，再用彩色铅笔刻画细节，虚实相间。在使用水溶性彩色铅笔时，最好使用水粉纸或是素描纸；水彩纸过于粗糙，不利于刻画细节，故不宜使用；普通复印纸吸水晕染性不佳，也不宜使用。

图4-22　彩色铅笔表现技法1　作者：史海亮

图4-23　彩色铅笔表现技法2　学生作品

（五）马克笔表现技法（图 4-24、图 4-25）

马克笔具有便携、易干、绘图方便快速等特点，能够快速地表达设计师的设计想法，是广大设计师青睐的一种绘画工具。马克笔一般分为油性和水性两种。

1. 油性马克笔

油性马克笔可用甲苯稀释，有较强的渗透力，色彩较为饱和，笔触优雅自然。但由于马克笔的快干性，下笔前需在头脑中想好下笔的地点、方向、力度等，力争一次完成，不再修改。因此采用这种表现技法需要多加练习。

2. 水性马克笔

水性马克笔可溶于水，一般在卡纸或是铜版纸上作画。水性马克笔的特点是色彩、笔触十分明晰，会产生颜色渗透的效果，不同颜色的叠加效果非常好，两种颜色相混合，会产生十分漂亮的中间色。

图4-24　马克笔表现技法1　作者：田宝华

图4-25　马克笔表现技法2　学生作品

（六）油画棒表现技法（图 4–26、图 4–27）

油画棒擅长于表现质地粗糙一些的面料效果，如裘皮和毛料等。油画棒是一种固体状油性绘画工具，可在纸面上多次覆盖，并可以调和色彩，产生丰富的色彩感觉。在纸张的选择上，可选用卡纸、素描纸、水彩纸等，避免使用过于光滑的纸。

油画棒技法主要有平涂和堆积两种。平涂要求用笔力度均匀，颜色深浅接近。堆积则是用较厚的方法涂抹，以表现针织毛衣、裘皮等厚重材质的服装。为了表现不同的面料肌理或是图案效果，可在厚画法时使用尖锐物，如钉子、自动铅笔尖等刮抹，用以呈现细节。

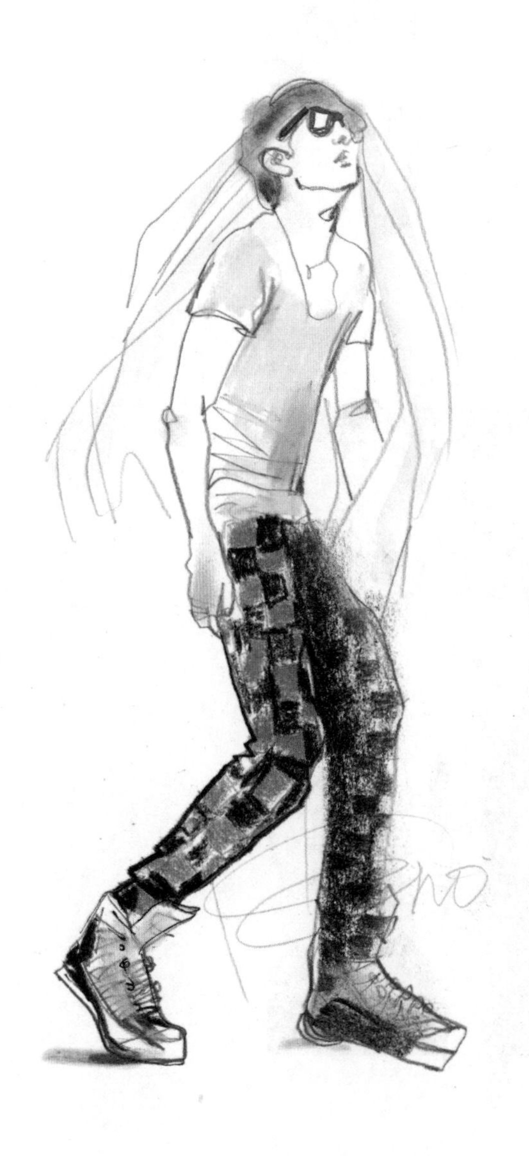

图4–26 油画棒表现技法1 作者：郝蕾

图4–27 油画棒表现技法2 作者：王平

（七）色粉表现技法

色粉质地松软柔和，适合表现轻薄面料及质地松软的面料等。它具有其他技法所没有的蓬松质感，可以很好地表现柔和的色彩。使用时，一般通过平涂、擦、揉、抹等技法来变化肌理效果（图4-28、图4-29）。用色粉画服装效果图使用方便，在绘画的过程中可以随时搁笔，也可以随时继续作画，画面不会因为中断而产生痕迹。但色粉也有一定的局限性，在表现服装细节方面比较弱，不能精细刻画细节部位。另外，画面不易保存，容易掉粉，最好是画完后在画面上喷一层保护胶。在纸张的选择上也应多加考虑，太细或太粗糙的纸面都不适合，纸面以能保持住色彩微粒为宜。

图4-28　色粉表现技法1　作者：吕钊

图4-29 色粉表现技法2 作者：吕钊

（八）拼贴表现技法

拼贴表现技法指采用颜料以外的一些材料，如纸张、面料、纽扣、毛线、花边等，通过裁剪拼贴的方式拼贴成效果图样式的方法（图4–30 ~ 图4–32）。使用拼贴表现技法，可以给设计稿带来一定的趣味性和丰富感，是一种极具表现力的表现方法，常和其他表现技法混合使用。

图4–30　拼贴表现技法1　作者：郝蕾

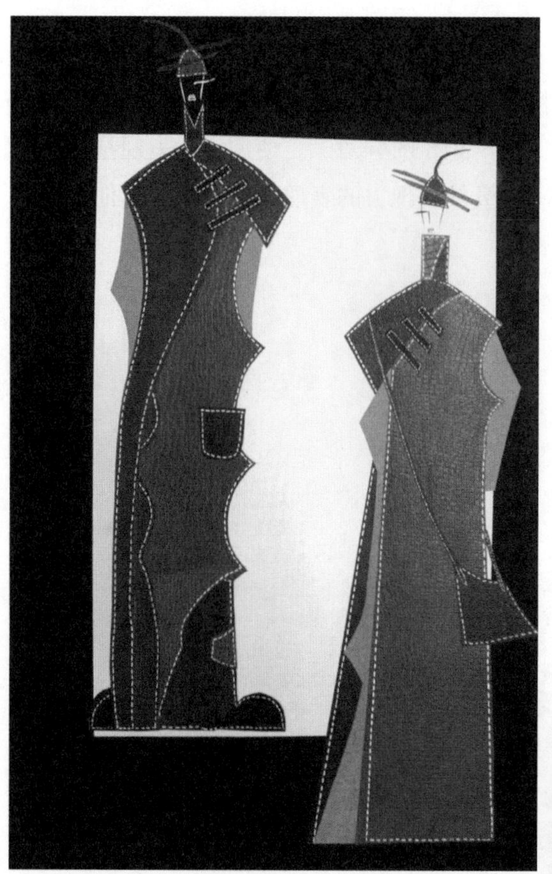

图4-31 拼贴表现技法2 学生作品

图4-32 拼贴表现技法3 学生作品

二、　综合表现技法

在画作中采用多种绘画技法及工具所呈现出的画面效果，我们称为综合技法表现。也就是说在同一个画面中，将两种及两种以上的绘画技法同时使用，发挥各个技法的优点。使用综合技法的前提是已经熟练地掌握了每一种技法，并能够按照设计意图各取所需，将整个效果图表现得更加精彩（图4–33、图4–34）。

图4–33　综合表现技法1　作者：柯丹

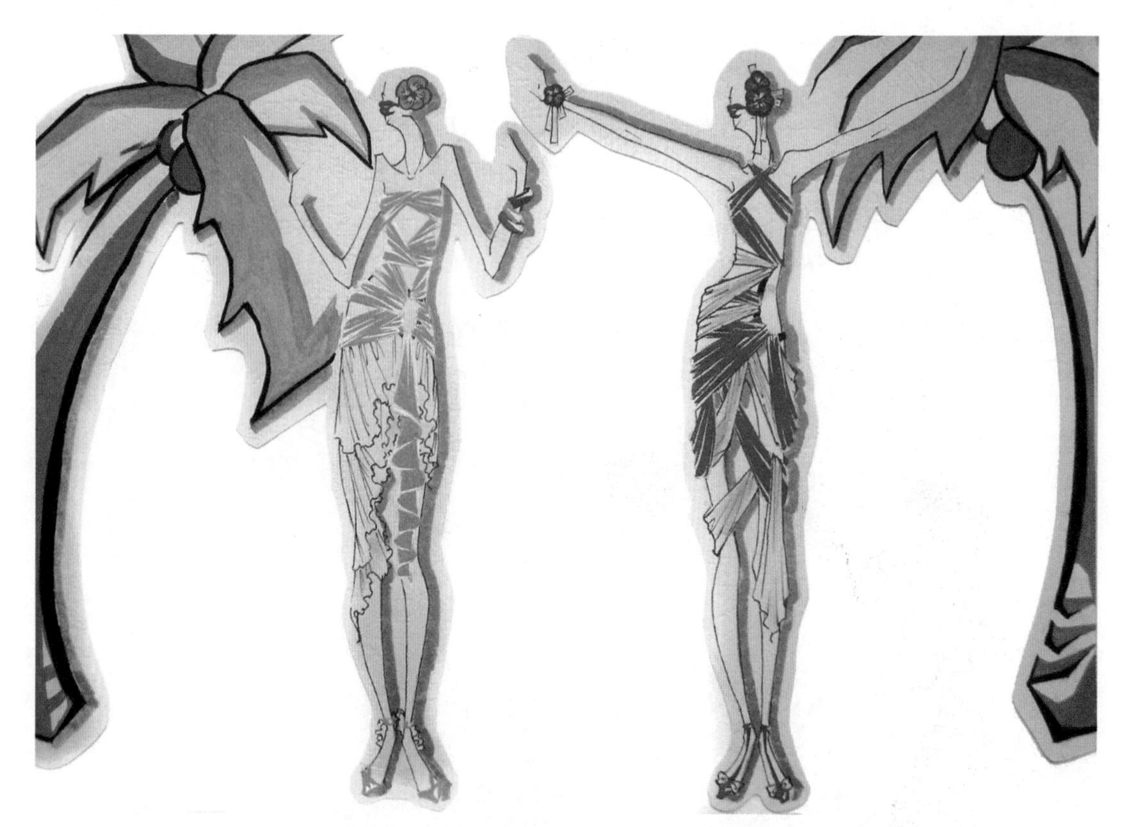

图4–34　综合表现技法2　作者：罗洁

第三节　服装效果图的分类表现技法

一、不同织物的表现技法

在我们绘制服装效果图时，为准确表现面料特征，首先要对各类常用的面料进行临摹练习，如针织物、皮革、皮草、蕾丝等。掌握这些基本面料的表达，对于日后的创作是必不可少的。

（一）针织类

针织类织物指纱线线圈相互穿套构成的织物，具有一定的拉伸性和透气性。在绘制针织织物时，要注意其自身线圈相套的组织结构，如平针、罗纹、钩花、拧麻花等效果（图4–35、图4–36）。

图4-35　针织类表现技法1　作者：吕钊

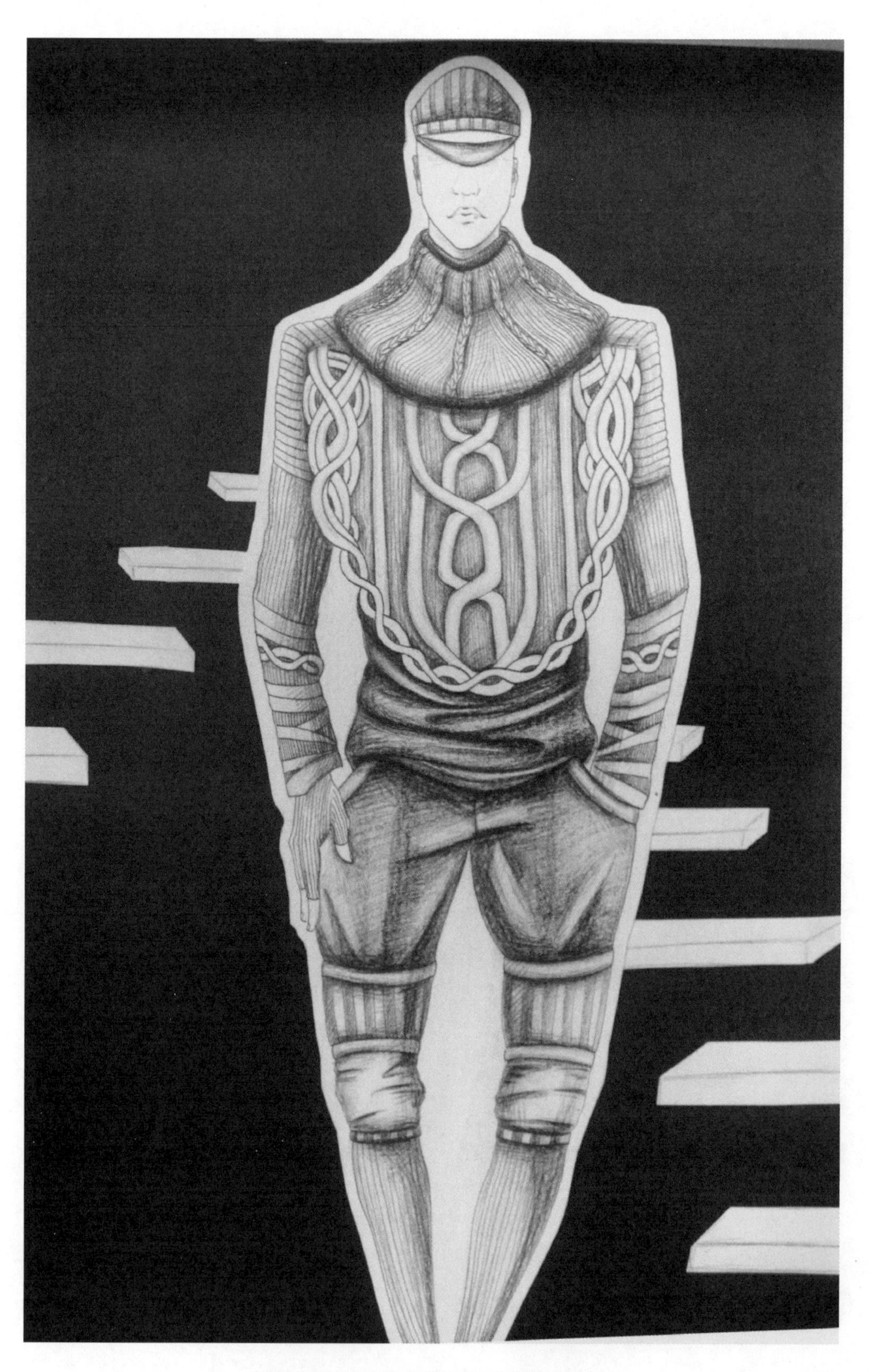

图4-36　针织类表现技法2　作者：杨艳

（二）丝绸类

丝绸面料通常具有良好的光泽感，手感滑爽，有一定的垂坠感，常见的丝绸类面料有色丁、素绉缎、织锦缎、绸等。在绘制时，要注意表现丝绸面料特有的光泽感，用色的水分要相对多些，用色饱和，留出高光部分，要表现出丝绸面料光滑亮泽的特征（图4–37、图4–38）。

图4–37 丝绸类表现技法1 作者：王慧

图4–38 丝绸类表现技法2 学生作品

（三）薄纱类

薄纱类面料通常有软纱和硬纱之分。在绘制软纱时，多使用水彩颜料来表现，下笔笔触要柔和，水分要饱满；而绘制硬纱时，要注意面料纹理的方向，下笔笔触快速而准确。绘画时，一般是先将薄纱下裸露的肌肤绘制好，待纸干后再在肌肤上进行薄纱的绘制，可以体现出因叠加而产生的层次感和透明感，最后再进行服装细节部分的绘制（图4–39、图4–40）。

图4–39　薄纱类表现技法1　作者：张钰

图4-40　薄纱类表现技法2　作者：王馨

（四）棉布和牛仔类（图 4–41、图 4–42）

图4–41 棉布和牛仔类表现技法1 学生作品

棉布面料一般表面无光泽、给人以平实的感觉。表现这类面料时，通常使用平涂的方法，先绘制出服装的整体明暗以及褶皱效果，再着重对服装图案或细节进行绘制。

牛仔面料风格粗犷，传统牛仔面料以蓝色斜纹棉布为主，也有经过各种工艺，如水洗、石磨、轧染等，产生丰富独特的质感以及色彩变化的牛仔面料。在绘制牛仔面料时，要抓住牛仔服装的典型特征，如水洗、缉明线等进行刻画。一般先以水粉、水彩、色粉等颜料平涂底色，再用彩色铅笔等表现牛仔面料的细节特征。

图4–42 棉布和牛仔类表现技法2 作者：杨旭东

（五）粗花呢类

粗花呢类面料质地厚实粗糙，肌理较为明显。绘制时，可以先选择适当的颜料填涂底色，画出整体的明暗关系，最后再刻画粗花呢的肌理或者图案效果（图4-43、图4-44）。也可使用多种材料相结合的方法。

图4-43 粗花呢类表现技法1 学生作品

图4-44 粗花呢类表现技法2 作者：柯丹

（六）皮草类

皮草类面料有很多，因品种不同所呈现的外观差异也很大。根据皮草的针毛和绒毛的长短来分类，可以分为长毛（狐狸毛、貉子毛、滩羊毛等）和短毛（貂毛、獭兔毛等）两类。绘制时，可先用清水润湿需要绘制皮草的部位。待纸张半干时，按照服装的肌理图案进行绘制，这样一来颜色就会晕染开来，形成皮草毛绒的质感，最后可以用彩色铅笔等加强毛锋的效果（图4-45、图4-46）。

图4-45　皮草类表现技法1　作者：吕钊

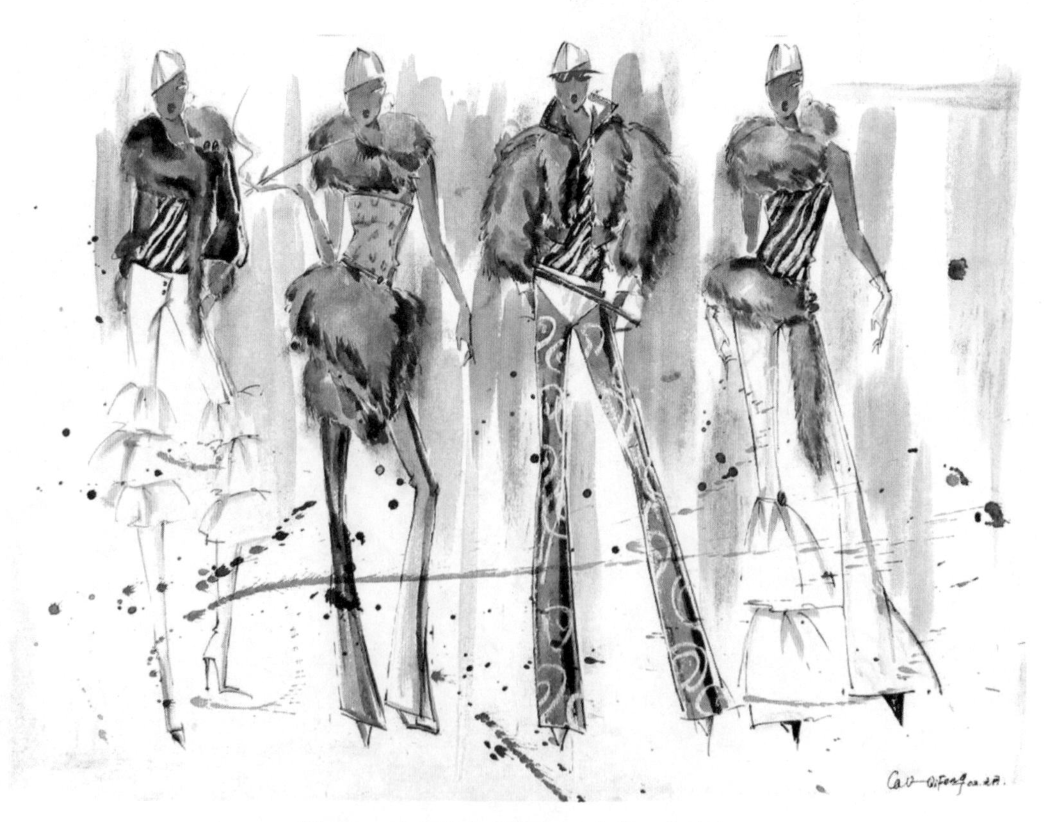

图4-46　皮草类表现技法2　作者：曹崎峰

（七）皮革类

我们常见的皮革有牛皮、猪皮、羊皮、蛇皮、鳄鱼皮等，皮革表面通常光泽有质感。当然，也有经过磨砂处理的皮质，表面呈磨砂状，没有光泽。对于有光泽感的皮质，可以先润湿画纸，纸未干时用饱和的颜料进行绘制，高光部位留白（图4–47、图4–48）。对于没有光泽的磨砂面料，则可以用平涂的方法画出整体明暗关系，再用浅色提亮高光部。

图4–47　皮革类表现技法1　作者：红涛

图4-48 皮革类表现技法2 学生作品

二、不同工艺的表现技法

（一）打褶工艺

打褶工艺种类繁多，呈现出的特征也是千变万化。在绘制打褶工艺时，要注意区分面料本身的褶皱和因人体运动所产生的褶皱，省略不必要的褶皱，抓住重点进行清晰的刻画（图4–49、图4–50）。

图4–49　打褶工艺表现技法1　作者：张志飞

图4-50　打褶工艺表现技法2　学生作品

（二）蕾丝和刺绣工艺

蕾丝面料是一种网眼组织，最早由钩针手工编织，如今多由机器编织。在女装及婚纱礼服上采用得较多。刺绣是针线在织物上绣制的各种装饰图案的总称。蕾丝和刺绣面料通常十分精致和繁复，在绘制上有一定的难度。绘制时，一般在绘制完衣身之后，再绘制蕾丝或刺绣，将大体纹样结构表现出来即可（图4-51 ~ 图4-53）。也可根据远近关系，重点刻画局部蕾丝或刺绣。

图4-51　蕾丝和刺绣工艺表现技法1　作者：吕钊

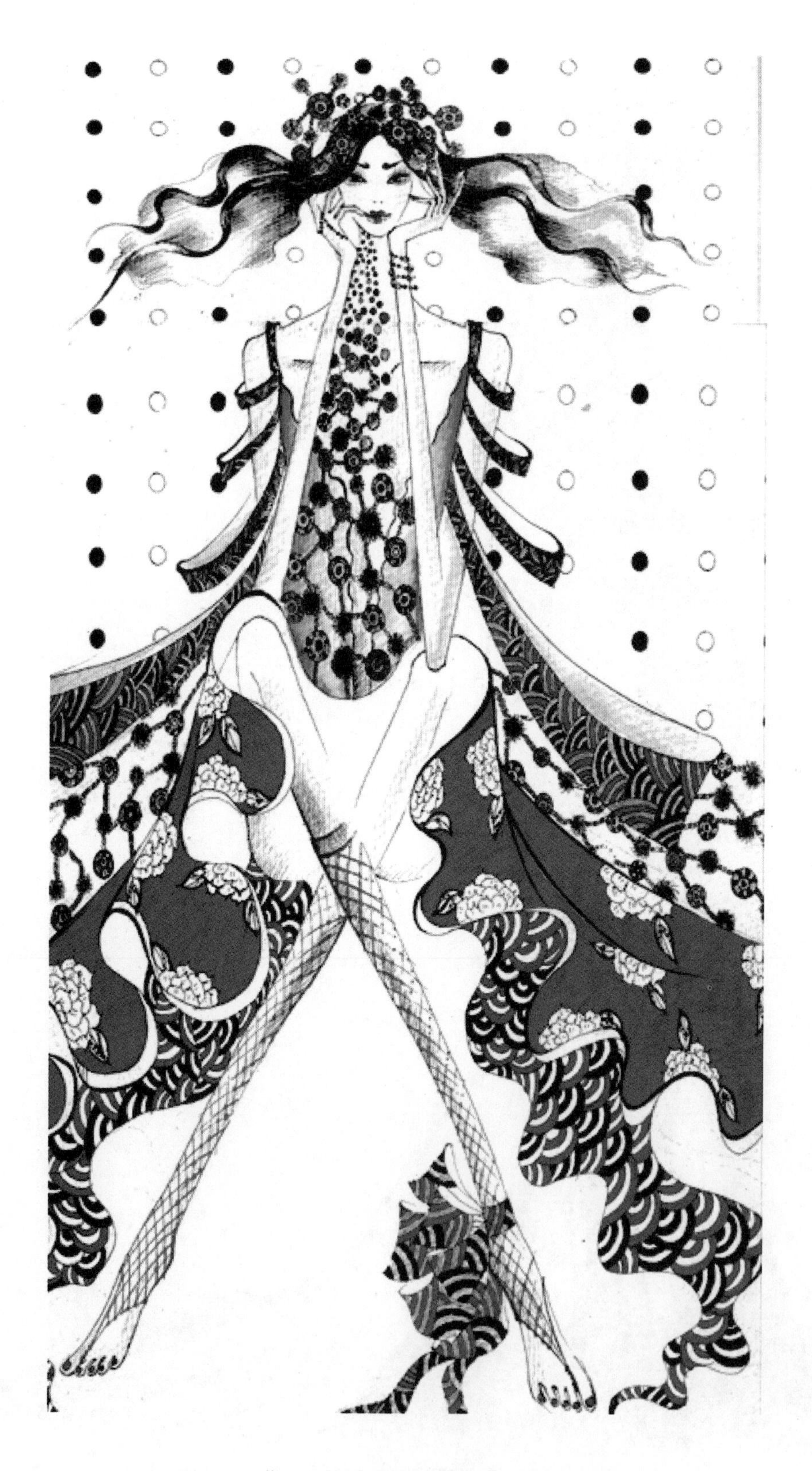

图4–52　蕾丝和刺绣工艺表现技法2　作者：罗洁

图4-53 蕾丝和刺绣工艺表现技法3 作者：张钰

(三)印花工艺

印花工艺指用染料或涂料在织物上形成图案的过程，是服装面料上常见的工艺之一。在绘制印花图案时，先绘制出印花面料的底色及整体明暗关系，再选取适合的颜料进行印花图案的绘制，注意虚实结合（图4-54、图4-55）。

图4-55　印花工艺表现技法2　学生作品

图4-54　印花工艺表现技法1　作者：王平

本章小结

本章主要介绍了绘制服装效果图的工具及服装效果图的基础表现技法，即如何用不同工具、不同技法来表现不同材质的服装效果图。

学习重点：

1. 掌握基础绘画工具的使用方法。
2. 对于不同材质的服装进行效果图的表现。

思考题：

1. 常用的表现服装画的工具有哪些？它们的表现效果分别如何？
2. 如何画好服装画，其绘制的要点是什么？
3. 用勾线表现法绘制服装画2张。
4. 分别用水彩薄画法和水彩厚画法绘制服装效果图1张。
5. 分别用水粉薄画法和水粉厚画法绘制服装效果图1张。
6. 用彩色铅笔表现技法绘制服装效果图2张。
7. 用马克笔表现技法绘制服装效果图2张。
8. 用油画棒表现技法绘制服装效果图2张。
9. 用色粉表现技法绘制服装效果图2张。
10. 用拼贴表现技法绘制服装效果图2张。
11. 用综合表现技法绘制服装效果图2张。
12. 绘制针织类服装效果图2张。
13. 绘制丝绸类服装效果图2张。
14. 绘制薄纱类服装效果图2张。
15. 绘制棉布或牛仔类服装效果图2张。
16. 绘制粗花呢类服装效果图2张。
17. 绘制皮草类服装效果图2张。
18. 绘制皮革类服装效果图2张。
19. 绘制打褶工艺的服装效果图2张。
20. 分别绘制蕾丝和刺绣工艺的服装效果图各1张。
21. 绘制印花工艺的服装效果图2张。

应用篇

第五章

计算机软件的表现方法

课题名称：计算机软件的表现方法

课题内容：对计算机辅助设计软件中的矢量图设计软件进行介绍，主要讲解CorelDRAW、Illustrator CS这两个软件的表现方法。CorelDRAW在服装设计的应用上主要体现在对矢量图形的设计进行处理、修改和加工，该软件在服装图案设计方面也具有强大的功能。Illustrator CS能提供丰富的像素描绘功能和顺畅灵活的矢量图编辑功能，并能与Photoshop或其他由Adobe出品的软件紧密地结合起来，这个软件为服装效果图的勾线和服装图案设计带来了诸多方便。

课题时间：20课时

学习目的：了解CorelDRAW、Illustrator CS软件在服装设计领域中的应用范围，掌握应用CorelDRAW、Illustrator CS软件表现服装设计图的技巧，能够使用软件进行服装款式图的绘制。

教学方式：理论讲授与实践相结合。

教学要求：了解两种软件的工作范围，掌握工具的使用方法，能根据设计要求绘制款式图。

作业布置：
1. 应用CorelDRAW软件绘制时尚T恤一款。
2. 应用CorelDRAW软件绘制休闲夹克一款。
3. 应用Illustrator CS软件绘制时尚T恤一款。
4. 应用Illustrator CS软件在人体模板上绘制时尚女装一款。

第一节 辅助设计软件和设备

随着现代科技的发展，尤其是计算机技术的应用，各种适用于绘画的软件被广泛应用于服装画中，计算机辅助设计在当今的服装设计中扮演着越来越重要的角色。应用计算机技术在服装设计中主要有两个目的：第一，提高效率，提供可行性方案；第二，利用计算机软件处理特殊艺术效果补充传统手绘不足。

计算机辅助服装设计软件可分为两大类：通用设计软件和专业设计软件。通用设计软件，包括平面位图设计软件，如Photoshop、Painter等；平面矢量图设计软件，如CorelDRAW、Illustrator CS等。

专业设计软件，包括二维服装CAD软件和三维服装CAD软件。

本章主要对计算机辅助服装设计软件中通用软件的矢量图设计软件进行介绍，即CorelDRAW和Illustrator软件。

CorelDRAW是由Corel公司开发的图形图像软件，用于矢量图形的处理。这个图形软件包括两个应用程序，一个用于矢量图及页面设计，一个用于图像编辑。它在服装设计的应用上，主要体现在对矢量图形的设计进行处理、修改和加工，最后生成矢量图形的服装效果图。此外，还可以利用该软件对服装图案进行设计。

Illustrator CS是由Adobe系统公司推出的用于制作输出及网页双方面用途的矢量图形制作软件。在功能方面，它不仅能提供丰富的像素描绘功能和顺畅灵活的矢量图编辑功能，而且能够快速创建设计工作流程，并能与Photoshop或其他由Adobe出品的软件紧密地结合起来，其3D功能尤为突出。这个软件为服装效果图的勾线和服装图案设计带来了诸多方便。

随着计算机软件和硬件技术的飞速发展，应用于计算机绘画领域的计算机技术也在不断更新，计算机产品不断增多。因此，计算机辅助服装设计需要的设备具体配置要求如下：

1. 硬件组合

主机：奔腾二代以上的微机和兼容机，内存64兆，硬盘6GB以上。

输入设备：键盘、鼠标、扫描仪、数位板。

输出设备：600dpi以上的喷墨、激光彩色打印机。

2.操作系统

Microsoft Windows98以上的基本操作系统软件。

第二节　CorelDRAW在服装画表现中的应用

CorelDRAW是平面设计软件，它包含两个绘图应用程序：一个用于矢量图及平面设计，一个用于图像编辑。

一、操作界面（图5-1）

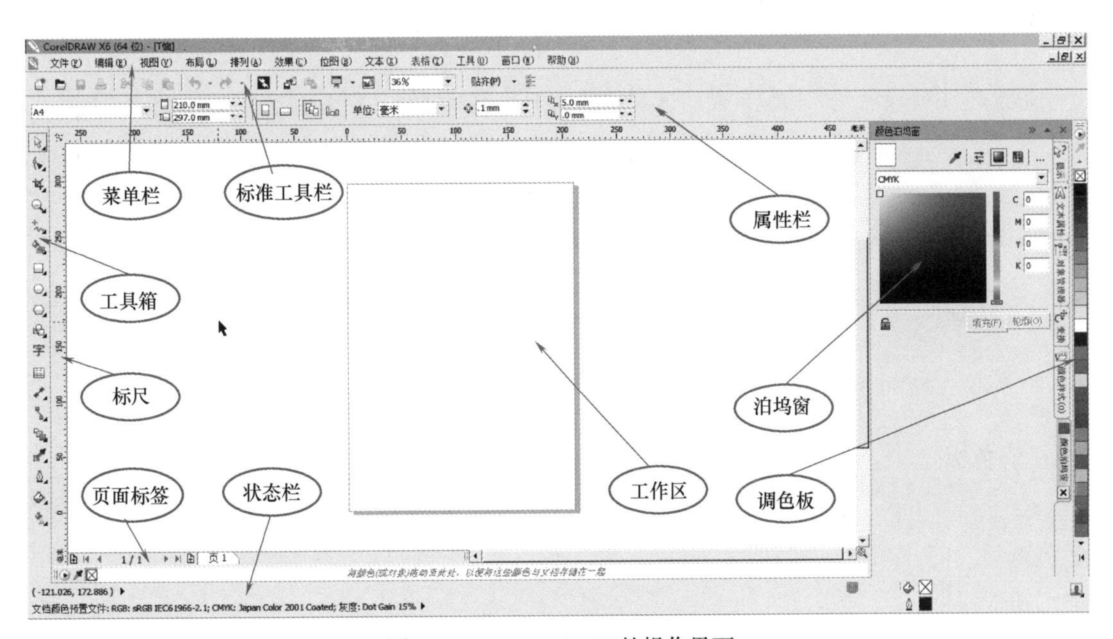

图5-1　CorelDRAW X6的操作界面

（一）菜单栏

可以通过执行菜单栏中的命令按钮完成所有的操作。菜单栏共有12个菜单命令：【文件】、【编辑】、【视图】、【版面】、【排列】、【效果】、【位图】、【文本】、【表格】、【工具】、【窗口】、【帮助】。

（二）标准工具栏

标准工具栏包含一些最常用的工具，单击【工具栏】按钮可以执行相应的菜单命令。

（三）属性栏

属性栏是一种交互式的功能面板，使用不同的工具时会自动切换到该工具的控制选项。

（四）工具箱

点击工具箱按钮可以进行绘制操作。工具箱功能强大，包含选择工具、形状工具、裁剪工具、缩放工具、手绘工具、智能填充工具、矩形工具、椭圆工具、多边形工具、基本形状工具、文本工具、表格工具、平行度量工具、直接连接器工具、调和工具、颜色滴管工具、轮廓笔、填充工具、交互式填充工具十九类。

（五）页面标签

页面标签显示页面的数量及当前的页面位置，点击页面标号可以快速转换到指定页。

（六）状态栏

状态栏主要显示光标的位置及所选对象的大小、填充颜色、轮廓线颜色及粗细等信息。

（七）标尺

标尺是执行精确绘制、对齐、缩放对象的辅助工具。

（八）工作区

工作区是进行绘图、操作的区域。

（九）调色板

调色板默认的色彩模式是CMYK，点击所需颜色可以在指定的封闭区域内均匀填充。

（十）泊坞窗

泊坞窗可以设置显示或隐藏具有不同功能的控制面板，方便操作。

二、绘制步骤

（一）T恤的绘制步骤——线稿

1.第一步（图5-2）

点击CorelDRAW图标，打开界面，点击【文件】→【新建】或使用快捷键【Ctrl+N】，建立一个A4大小的空白文件。

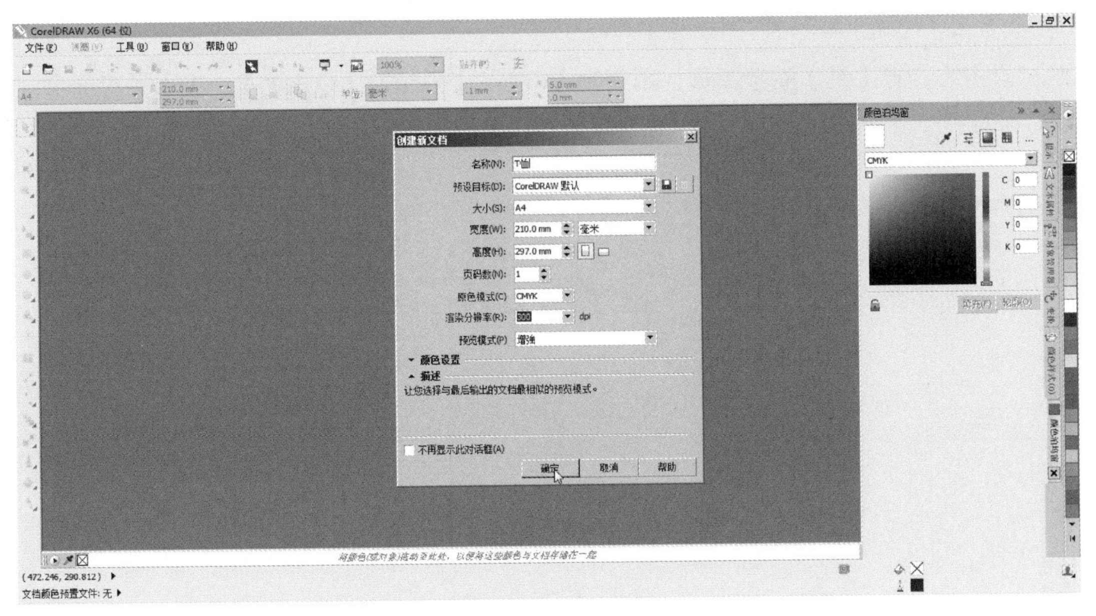

图5-2　T恤的绘制步骤（线稿）——第一步

2.**第二步**（图5-3）

点击【工具】中的【手绘工具】，选【贝塞尔】工具，在页面上绘出半边T恤的衣身，换【形状工具】或【F10】调整图形，注意长宽的比例。用【贝塞尔】工具画直线可以同时按下【Shift】键，拖动鼠标；画曲线要点击节点，然后拖动方向线调整。如果画错了，可以用【Ctrl+Z】恢复。要保证形状是闭合的空间，以利于后面的填色工作。

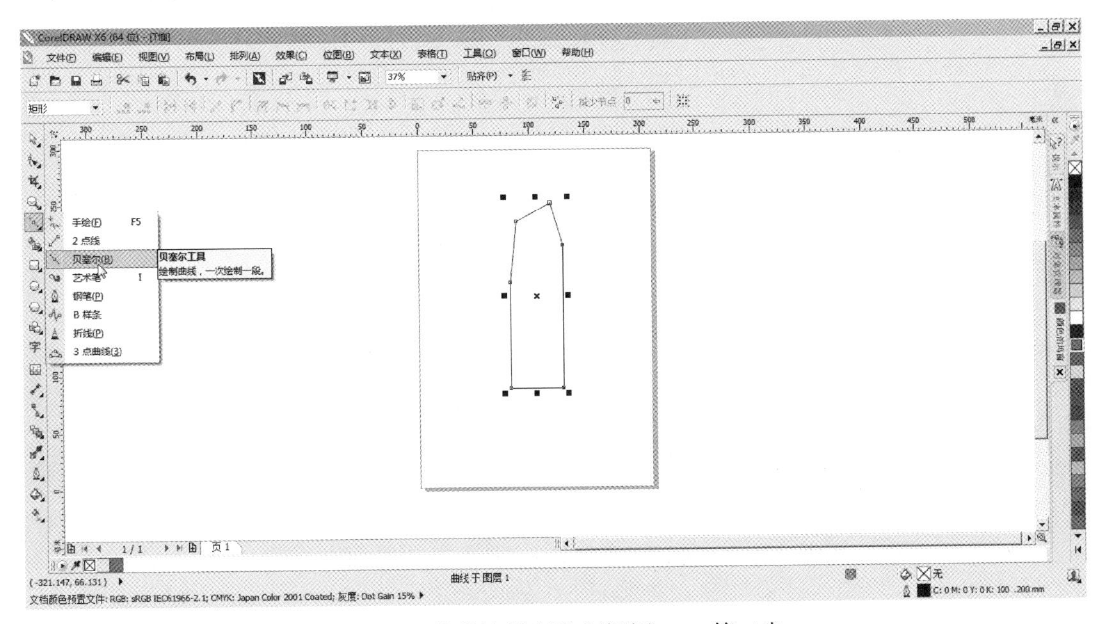

图5-3　T恤的绘制步骤（线稿）——第二步

3.第三步（图5-4）

点击【选择工具】圈选图形，用复制【Ctrl+C】→粘贴【Ctrl+V】→【水平镜像】制作对称的图形，点击【属性栏】中的【焊接工具】，使两个图形结合为整片衣片。

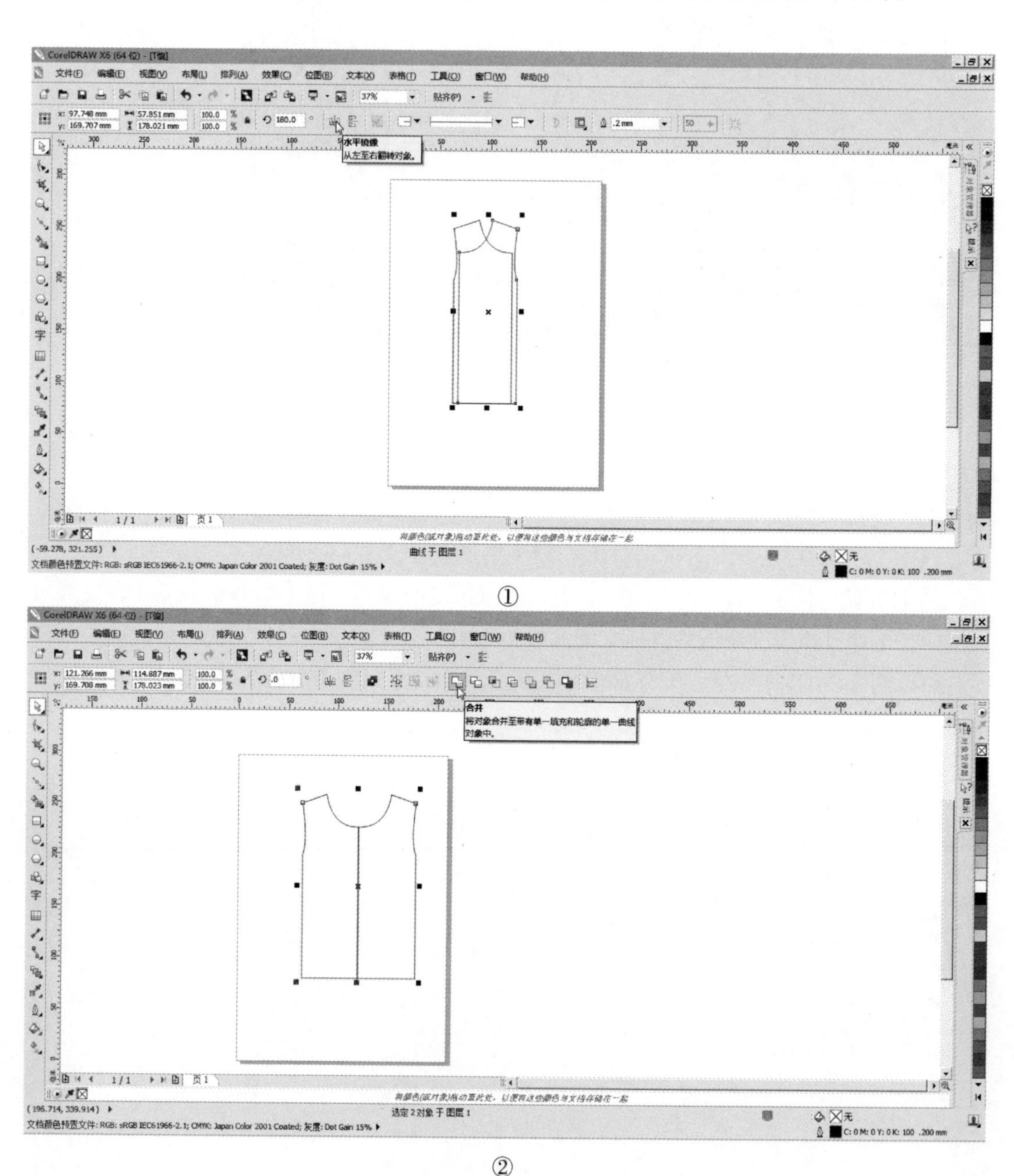

①

②

图5-4　T恤的绘制步骤（线稿）——第三步

4.第四步（图5-5）

按照上述步骤绘出衣袖和领口，同时要保证图形是封闭图形。

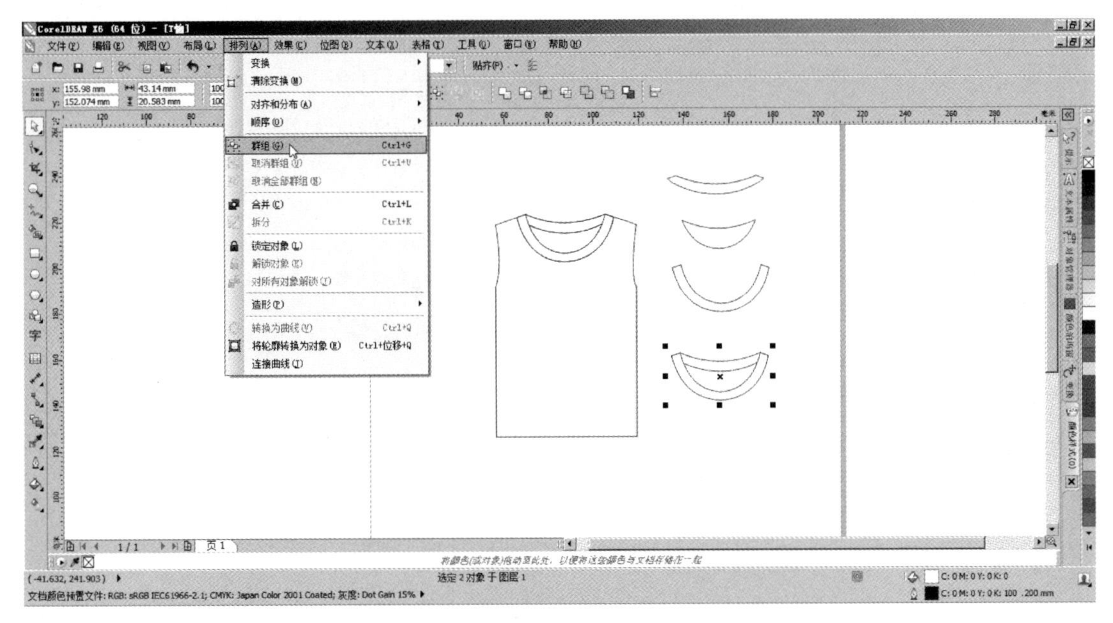

图5-5　T恤的绘制步骤（线稿）——第四步

5.**第五步**（图5-6）

用【贝塞尔】工具画出领口、袖口的线迹，在【工具栏】中选【轮廓】工具——画笔弹出【轮廓笔】对话框或按【F12】，在【样式】的下拉选项中选择合适的虚线，【确定】画出单针或双针线迹。

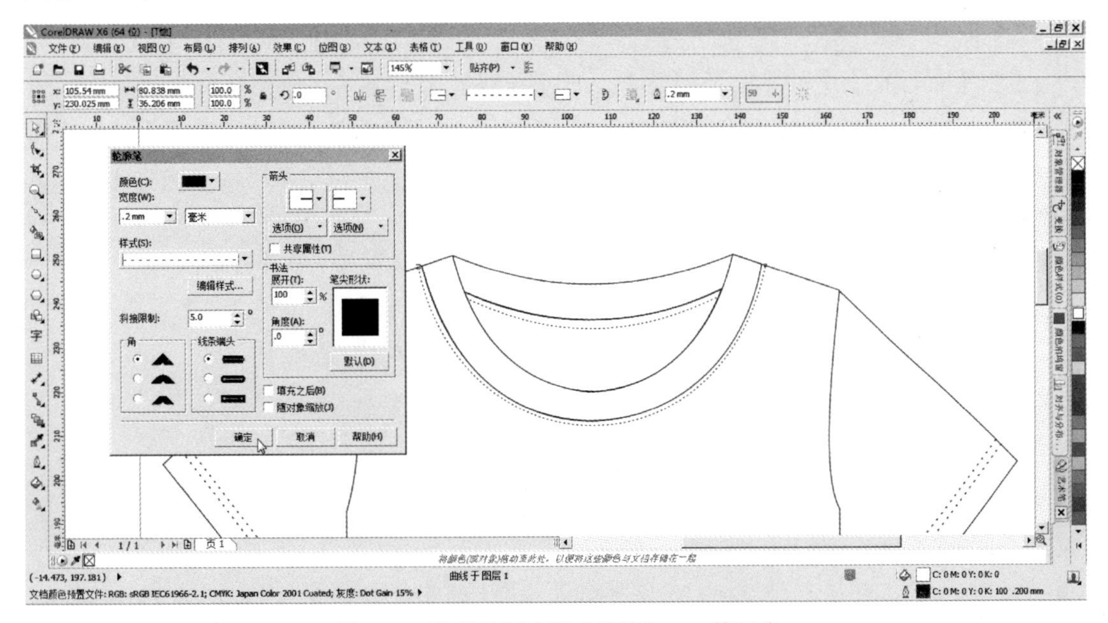

图5-6　T恤的绘制步骤（线稿）——第五步

6.**第六步**（图5-7）

在领口的罗纹中间画出一条辅助线作为路径备用，然后在肩颈处按照罗纹的走向画一直线。在领子的中线位置按照罗纹的走向画另一直线，按【选择工具】点选一条直线，按【Shift】点选另一直线，将两条线一起选中移到衣身外，打开【工具栏】中的【调和工具】，在【属性栏】中设置好步长值（默认值是20），即单位距离内的重复数目，然后在两条线之间拉出一排线条。

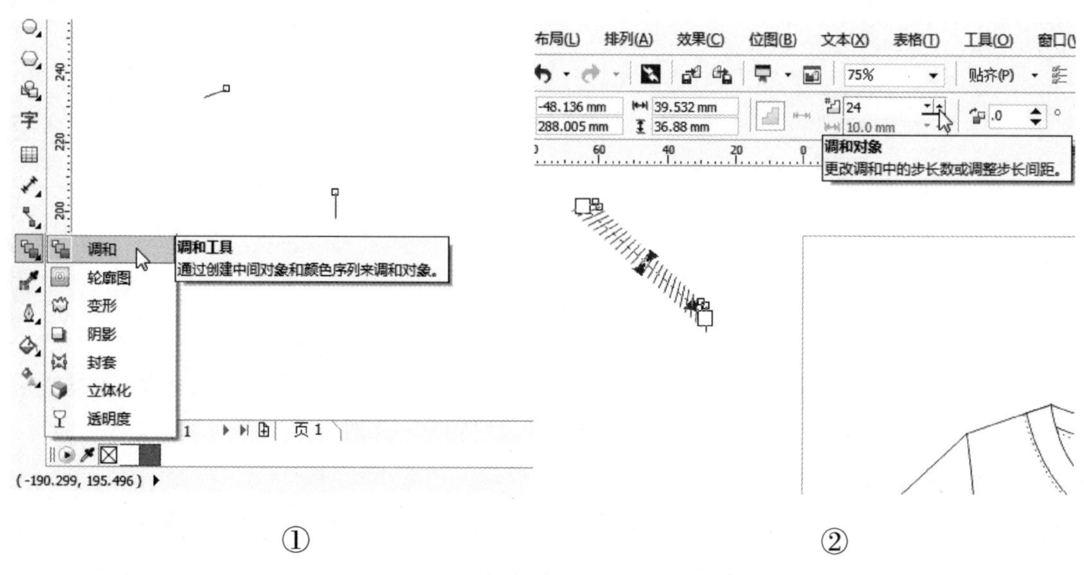

图5-7　T恤的绘制步骤（线稿）——第六步

7.第七步（图5-8）

点击【属性栏】中的【路径属性】，选【新路径】，将箭头放到领口中间的辅助线上，点击，画出一半领口的针织罗纹口，用【复制】→【粘贴】→【水平镜像】，完成前领口的罗纹图形。按【选择工具】选中领口，在【排列】的下拉菜单中选【拆分群组】，然后删除路径辅助线。重复此步骤，画出后领的罗纹图形。

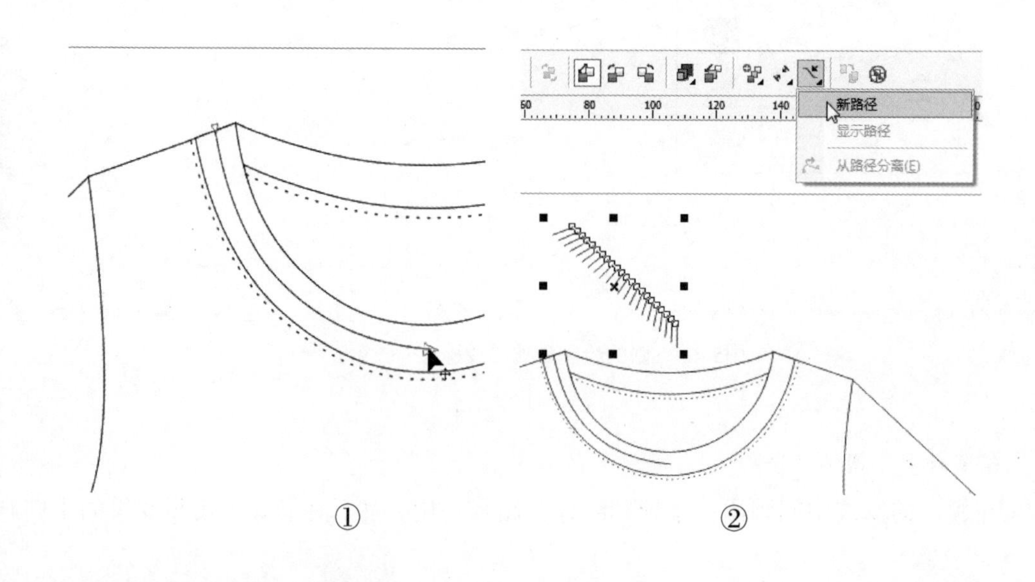

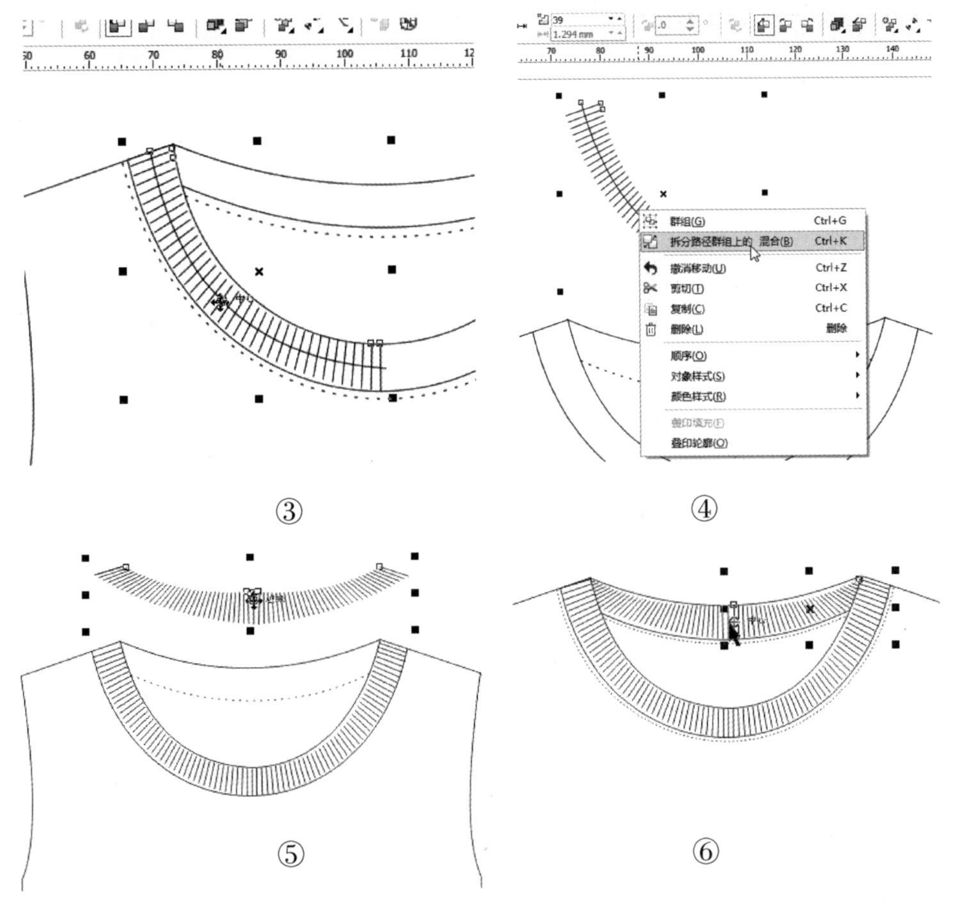

图5-8　T恤的绘制步骤（线稿）——第七步

8.第八步（图5-9）

整理图形，完成。

图5-9　T恤的绘制步骤（线稿）——第八步

（二）T恤的绘制步骤——彩色稿

1.第一步（图5-10）

在线稿的基础上，建新图层。打开【工具】菜单下的【对象管理器】，在管理器的左下角点击新建图层。

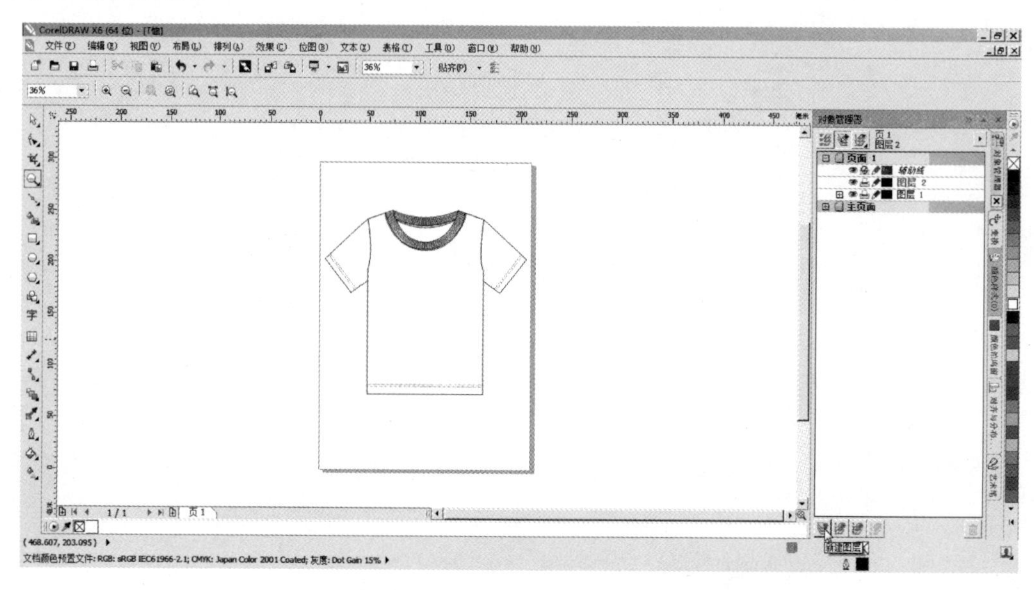

图5-10　T恤的绘制步骤（彩色稿）——第一步

2.第二步（图5-11）

用【贝塞尔】工具按照线稿轮廓描绘出封闭图形。如果有配色，需要将配色部分单独描出封闭图形。点击【排列】→【顺序】，按照需要排列好前后的层次，将大身部分始终放置在最上面。可以关闭图层1的可视状态查看图形的完成情况。也可以点击【颜色】对话框，设置或选择颜色，点击【确定】，填色。如果是闭合的空间，会自动填充颜色。

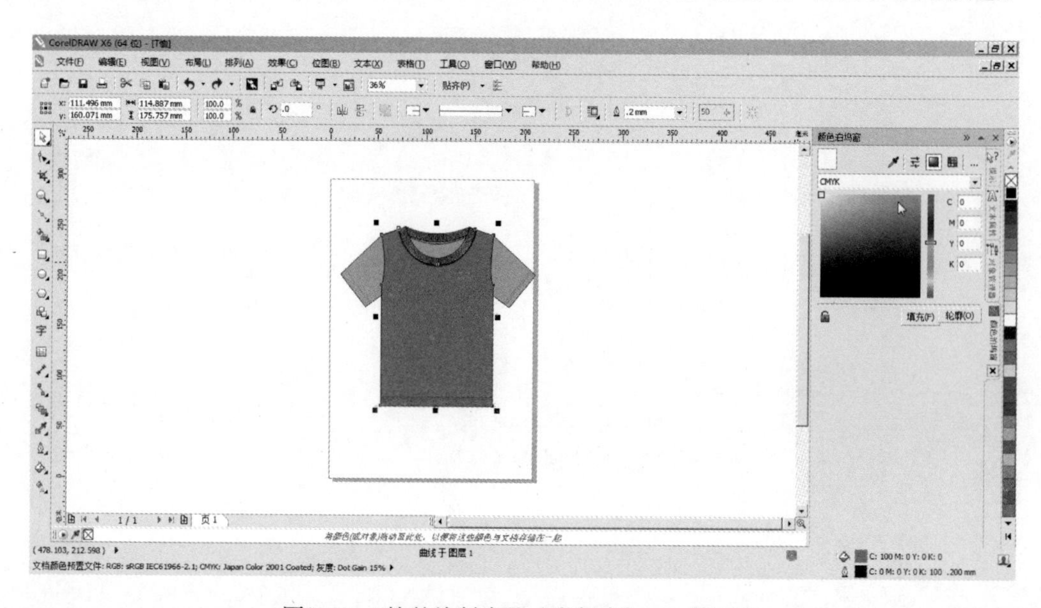

图5-11　T恤的绘制步骤（彩色稿）——第二步

3.**第三步**（图5–12）

将袖子、领口的图形群组，调整衣片颜色。

图5–12　T恤的绘制步骤（彩色稿）——第三步

4.**第四步**（图5–13）

从【图层1】复制线稿到【图层2】上。

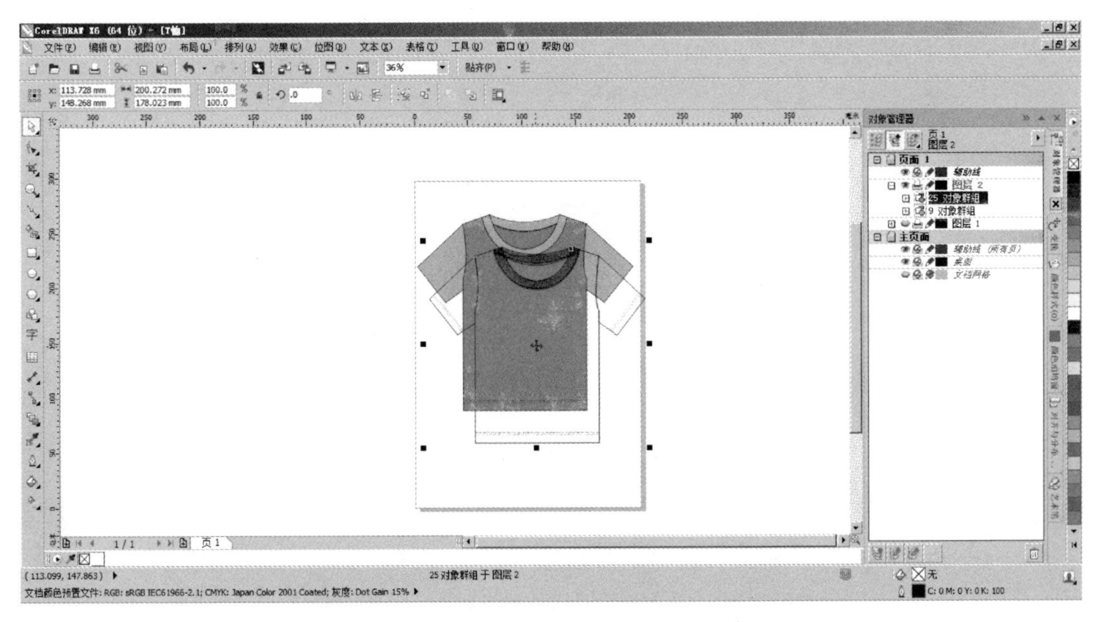

图5–13　T恤的绘制步骤（彩色稿）——第四步

5.**第五步**（图5–14）

添加图案，可以用贝塞尔工具设计，也可以点【文件】→【导入】、导入需要的图案。

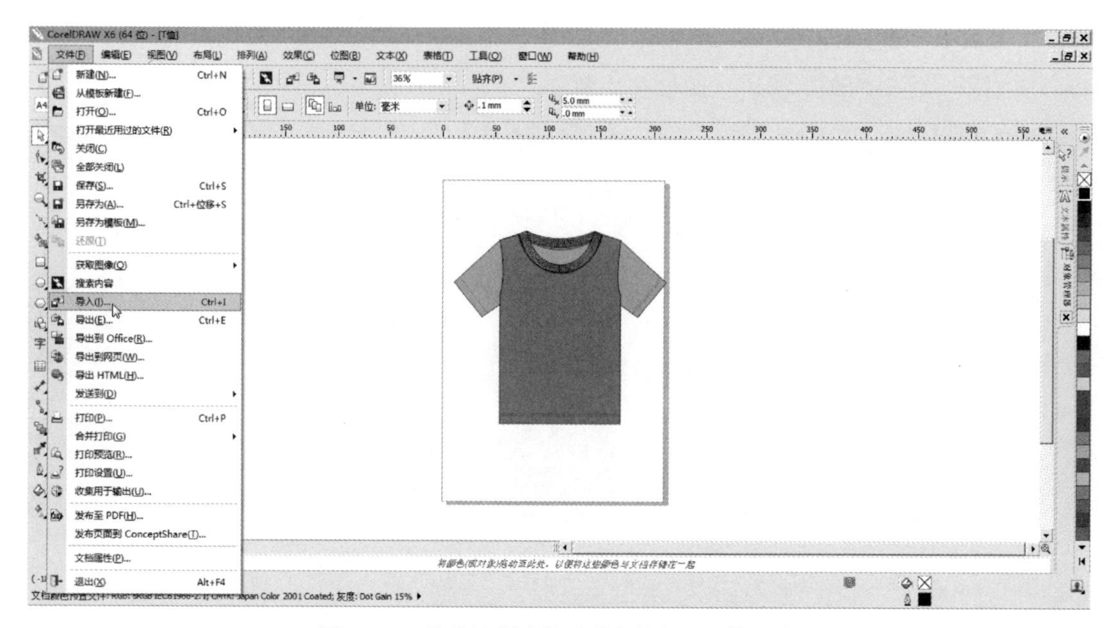

图5-14 T恤的绘制步骤（彩色稿）——第五步

6.**第六步**（图5-15）

在菜单栏中点击【效果】→【图框精确裁剪】→【置于图文框内部】，调整形状的位置，将其放在合适的位置上。

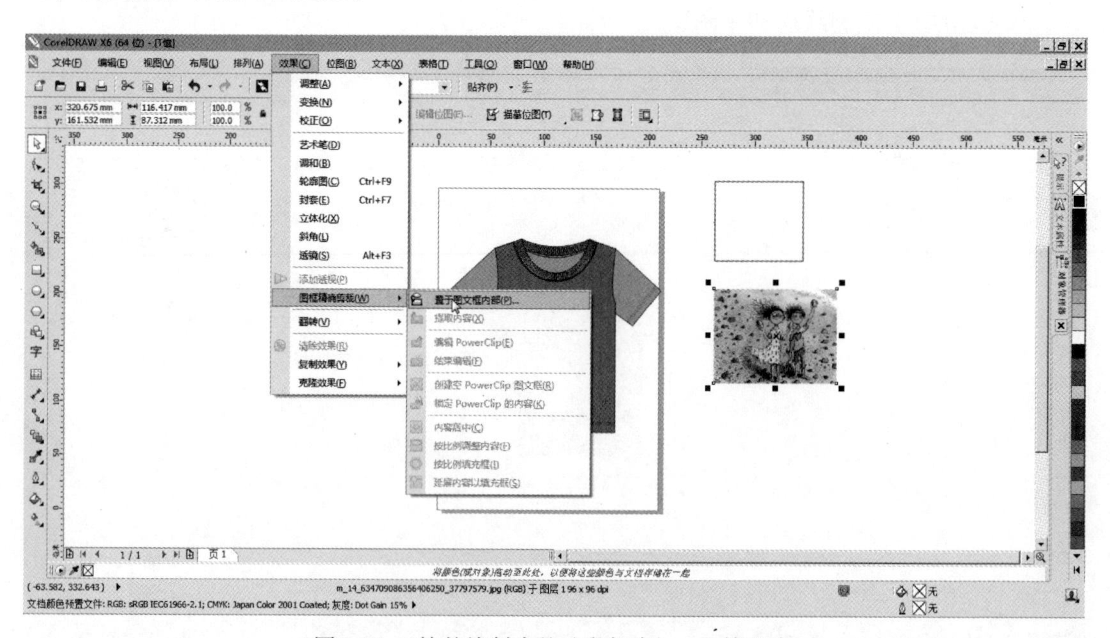

图5-15 T恤的绘制步骤（彩色稿）——第六步

7.**第七步**（图5-16）

添加文字图案，选【工具栏】中的【文本工具】，输入文字，在【属性栏】中设置字体、大小，并填充颜色。

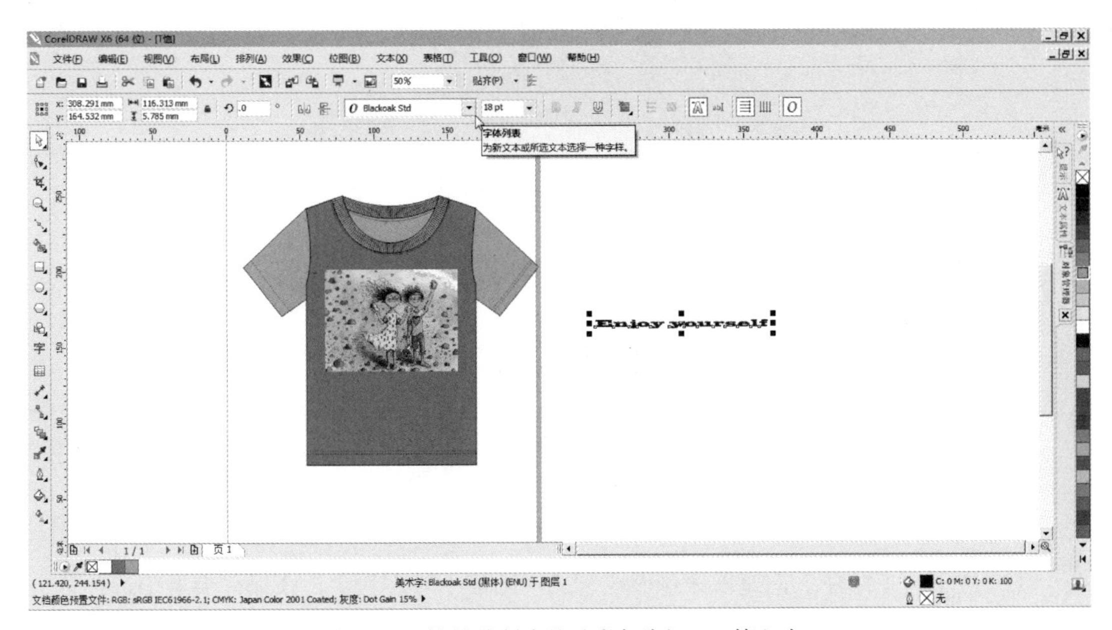

图5-16　T恤的绘制步骤（彩色稿）——第七步

8.**第八步**（图5-17）

全选文字，点击【排列】→【拆分美术字】或按快捷键（【Ctrl+K】)→【转换为曲线】（【Ctrl+Q】)→【形状工具】或按快捷键（【F10】），调整文字形状后，【群组】（【Ctrl+G】)字体，放置到衣身的适当位置。

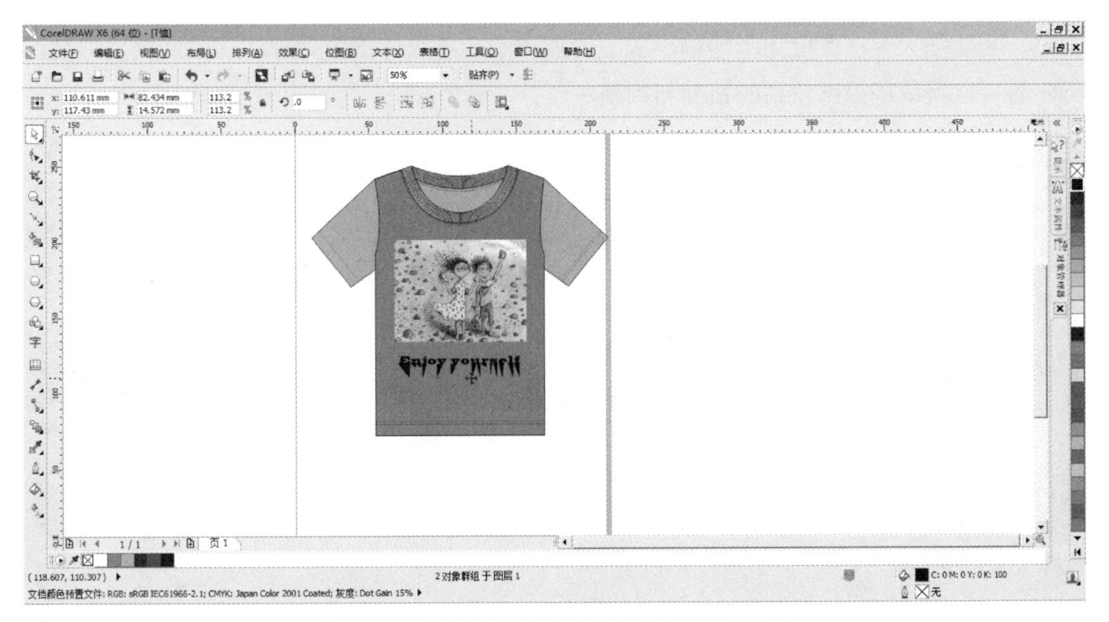

图5-17　T恤的绘制步骤（彩色稿）——第八步

9.**第九步**（图5-18）

用【选择工具】选择全部图形，点击【排列】→【群组】，完成。

图5-18 T恤的绘制步骤（彩色稿）——第九步

10.**第十步**

【文件】→【保存】，如果保存形式有变，则选【另存为】，在保存类型中选择合适的保存类型。

第三节 Adobe Illustrator CS在服装画表现中的应用

Adobe Illustrator CS是出版、多媒体和在线图像使用的工业标准矢量插画软件，其操作简单，功能强大。广泛应用于印刷出版、专业插画、多媒体图像处理和互联网页面的制作等，也可以为线稿提供较高的精度和控制。

一、工作界面（图5-19）

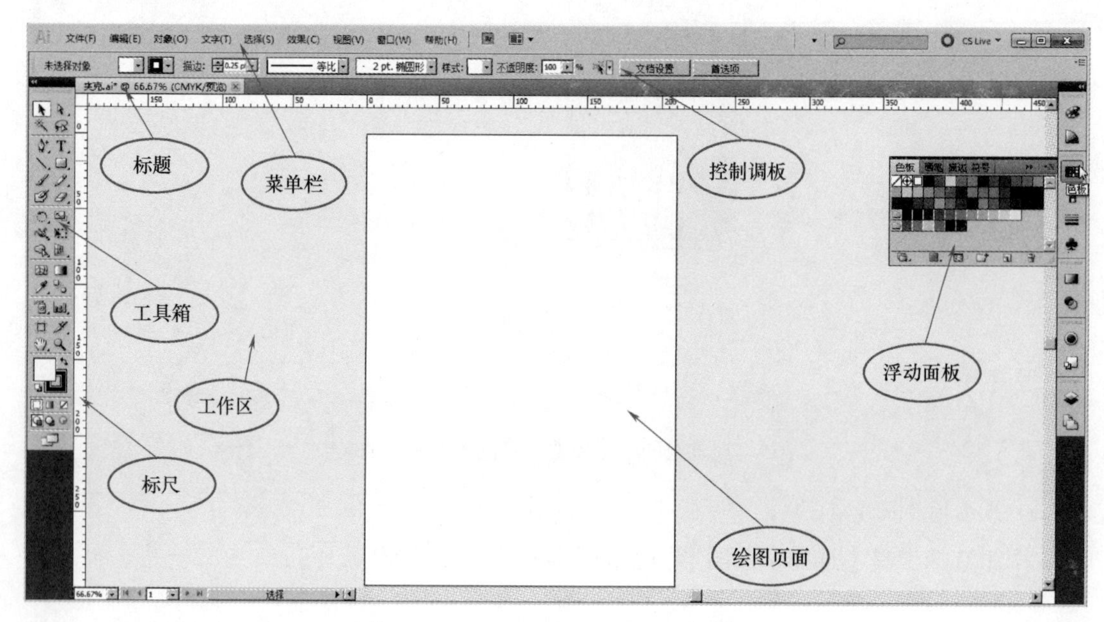

图5-19 Adobe Illustrator CS的工作界面

二、绘制步骤

（一）夹克的绘制步骤——线稿

1. 第一步（图5–20）

打开Adobe Illustrator CS，在【文件】下点【新建】，建立一个800mm×600mm大小的文件，在名称中输入款式的名称，【新建文档配置文件】选基本RGB。

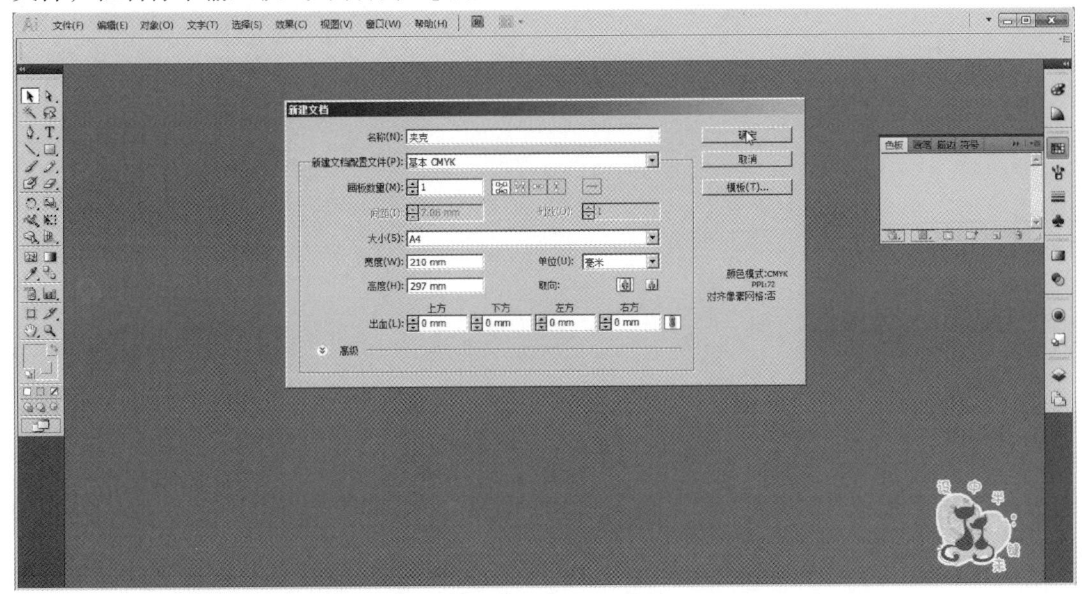

图5–20 夹克的绘制步骤（线稿）——第一步

2. 第二步（图5–21）

点击【工具栏】中的【矩形工具】，在工作区画一矩形35mm×50mm，然后在【钢笔工具】中选择【添加锚点】工具（快捷键为【+】），在矩形上添加锚点。在【属性

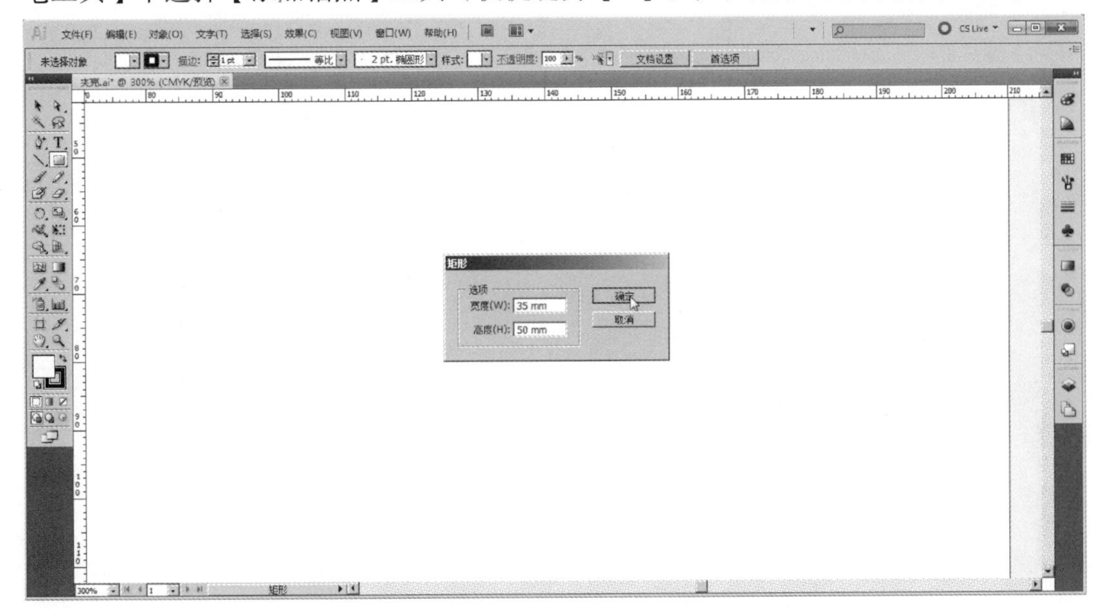

图5–21 夹克的绘制步骤（线稿）——第二步

栏】可以调节线条的性质，也可利用【Alt】键，在节点上点击，变换线条的属性，按住【Shift】键可以画出垂线或水平线。如果画面小，可以点击左下角的按比例显示，放大对象。

3.第三步（图5-22）

点击【直接选择】工具，调整矩形的形状，做出领、袖窿、衣身的廓型。可以在衣身部位加些褶皱，使款式图显得活泼一些。

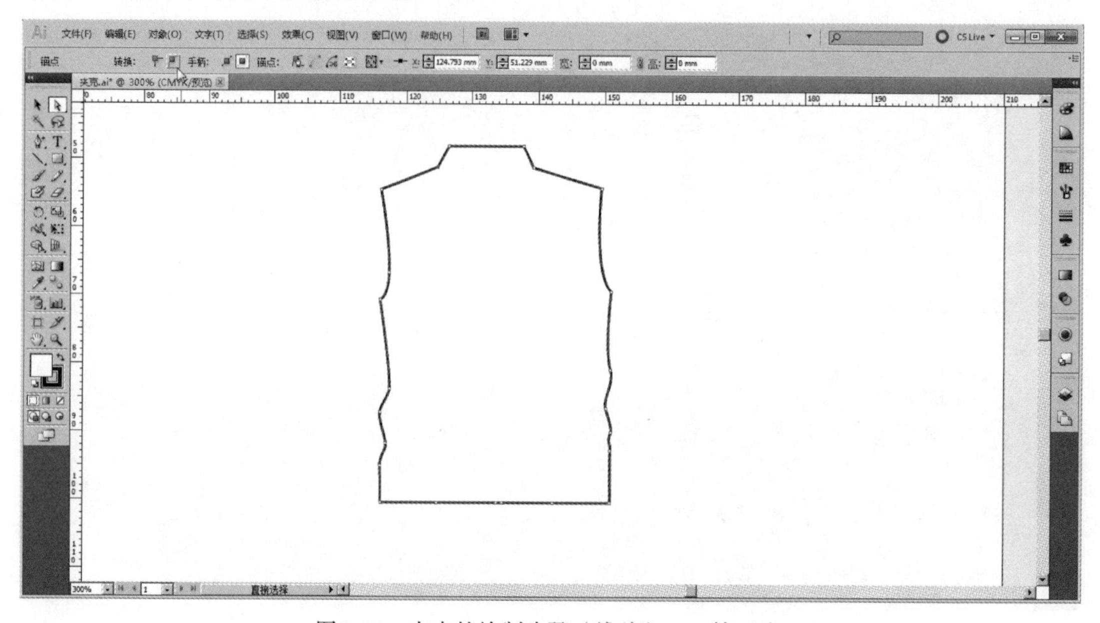

图5-22 夹克的绘制步骤（线稿）——第三步

4.第四步（图5-23）

画出衣袖的外轮廓，袖口另画，衣袖的褶皱线也要另画，然后组装到相应的位置。

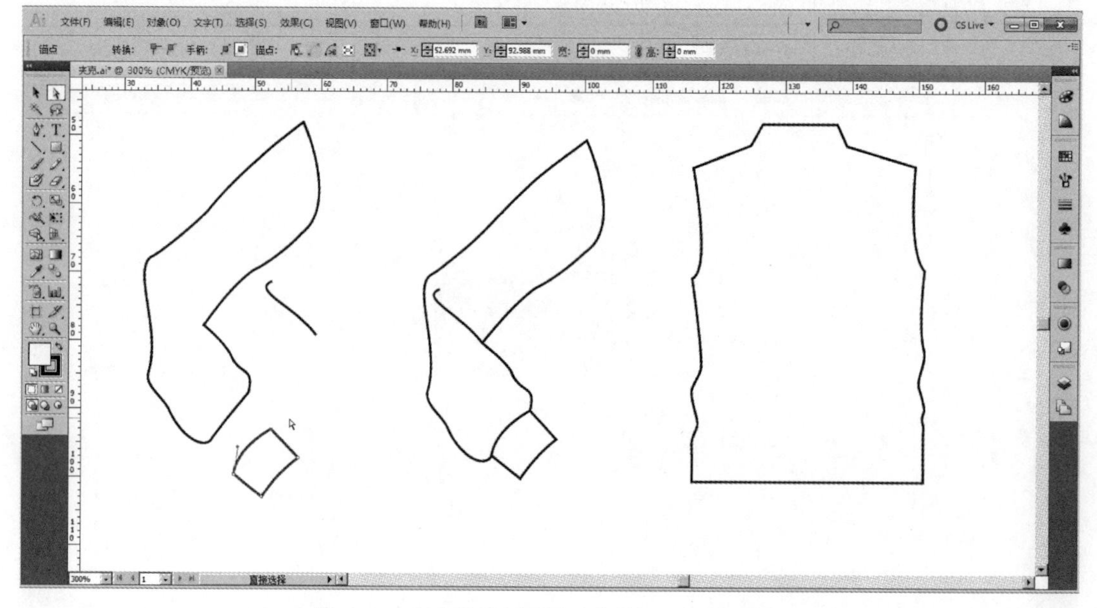

图5-23 夹克的绘制步骤（线稿）——第四步

5.**第五步**（图5–24）

选中组合后的袖片，执行【对象】→【编组命令】（快捷键【Ctrl+G】）。复制袖片，执行【对象】→【变换】命令，选【垂直90° 】确定，得到对称的袖片，放置到相应位置。

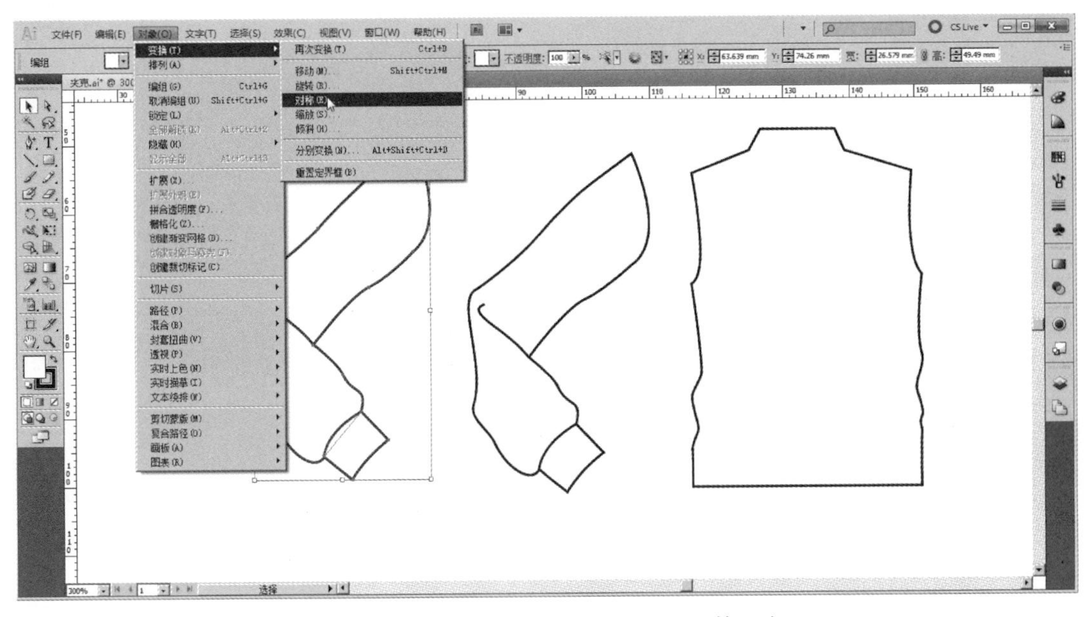

图5–24 夹克的绘制步骤（线稿）——第五步

6.**第六步**（图5–25）

画领子有两种画法。一种是分片画，注意画的顺序，先画后领，然后画两片前领。如果顺序错了，按右键【排列】，调整领片的前后顺序。另一种是直接勾出领子的外轮廓，再画出转折线，放置到相应位置即可。

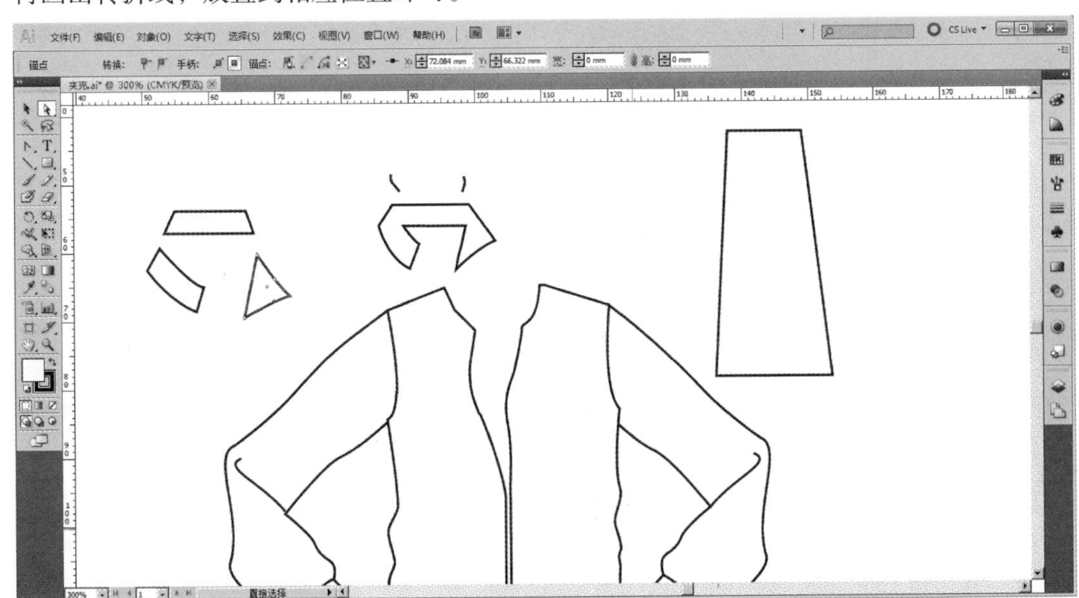

图5–25 夹克的绘制步骤（线稿）——第六步

7.**第七步**（图5–26）

用【钢笔工具】画出两个前衣片。

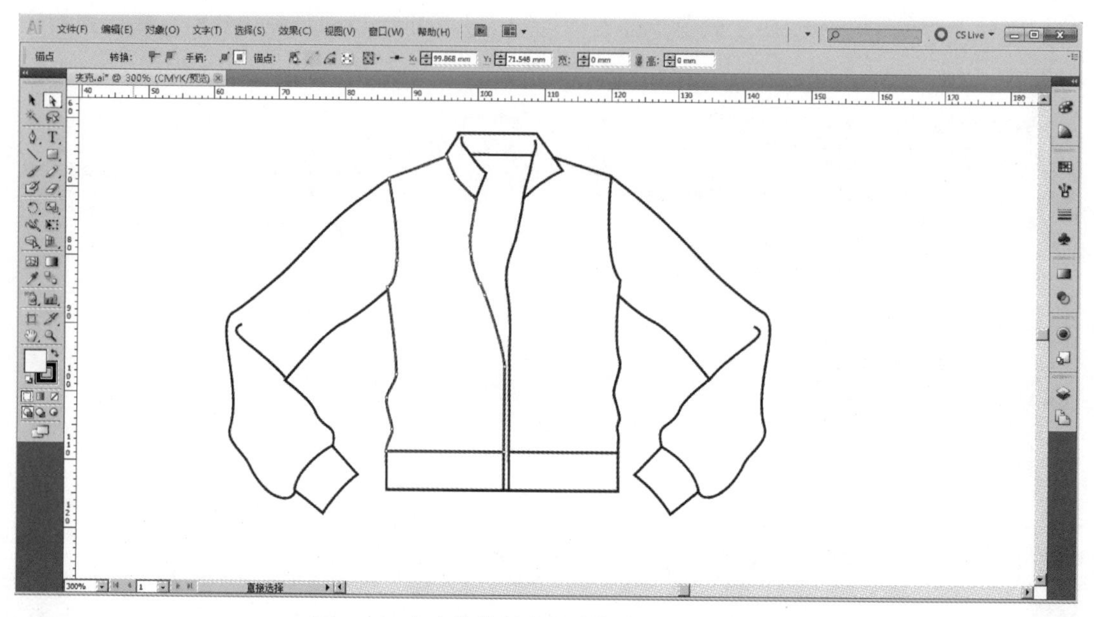

图5–26　夹克的绘制步骤（线稿）——第七步

8.**第八步**（图5–27）

画出口袋、分割线等细节。

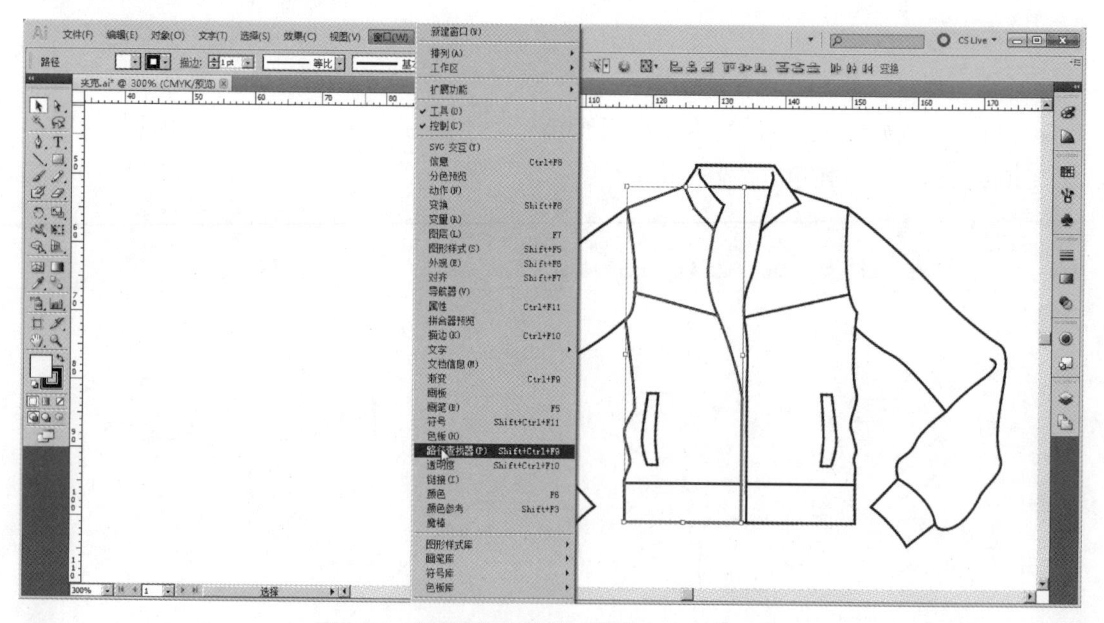

图5–27　夹克的绘制步骤（线稿）——第八步

9.**第九步**（图5–28）

拉链的画法，先用【钢笔】工具画出一个对称的齿牙形状，然后重复操作：【复制】→【粘贴】→【群组】。注意调整齿牙间距。【全选】图形，压缩到需要的大小，执行【属性栏】中的【垂直顶对齐】或【垂直底对齐】。

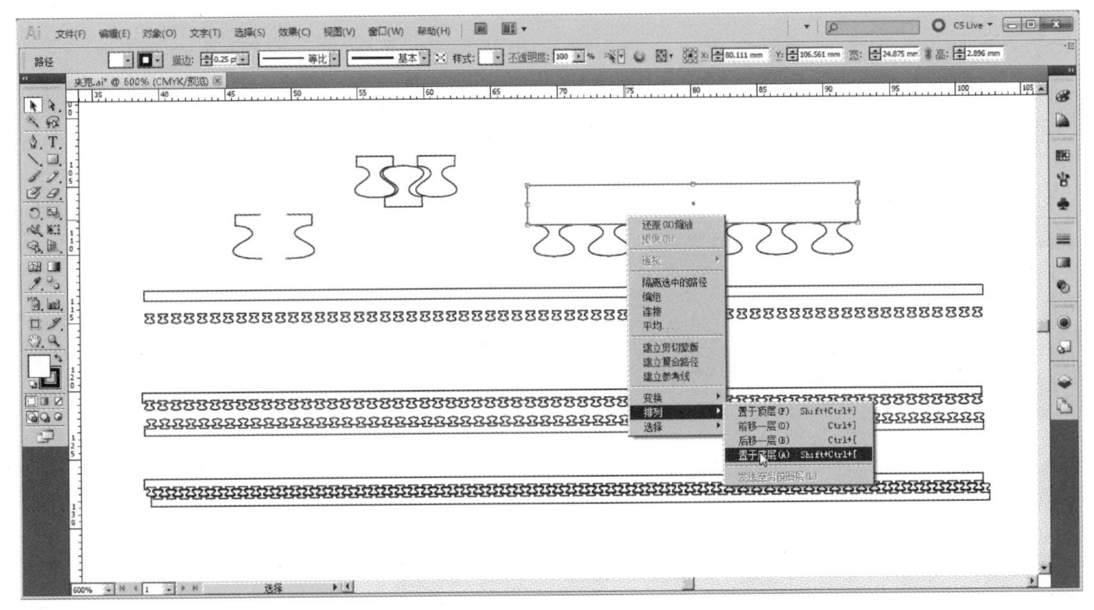

图5-28　夹克的绘制步骤（线稿）——第九步

10.**第十步**（5-29）

画一个矩形填充黑色，放到合适的位置，点击【群组】，再收缩图形至合适的比例。打开右侧的【画笔浮板】，将图形拖到画笔里。在弹出的对话框里点选【新建图案画笔】，点击【确定】。之后弹出图案画笔选项，分别输入画笔名称—拉链1、拉链2、拉链3，按【确定】，新建拉链图案画笔的定义就完成了。再用【钢笔工具】、【矩形工具】画拉链头，排列好前后位置，点击【水平居中对齐】、【群组】。

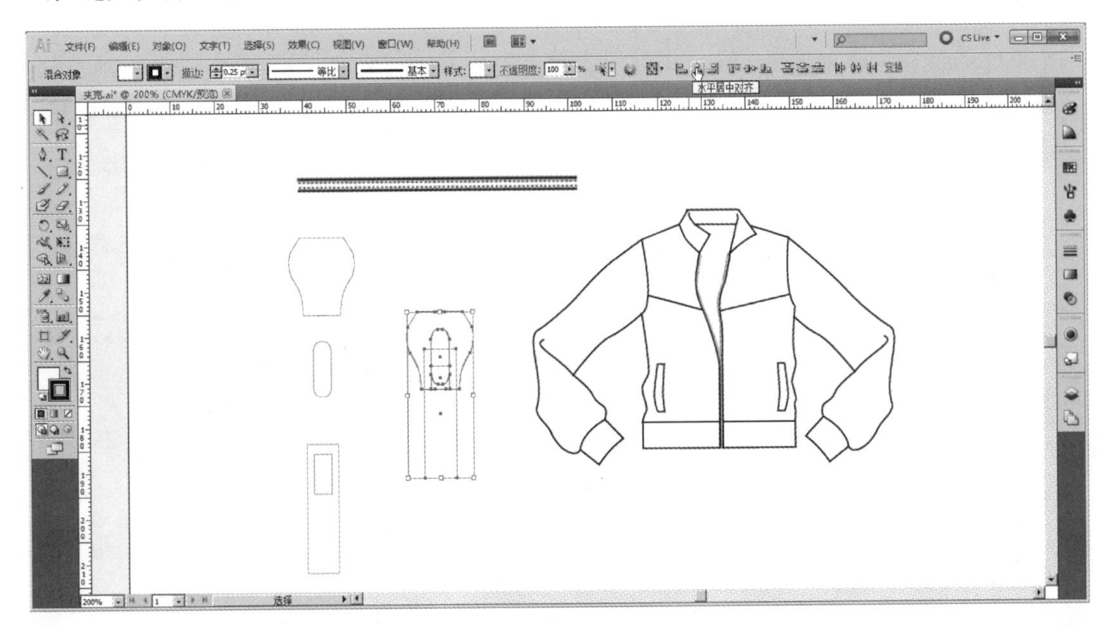

图5-29　夹克的绘制步骤（线稿）——第十步

11.第十一步

再制作一个合起的拉链：将单牙图案【复制】→【粘贴】，点右键【变换】→【对称】→【水平90° 】→【确定】，调整位置，点击【编组】，再定义为拉链2图案画笔。

12.第十二步（图5-30）

将拉链图案应用到夹克上，再用【钢笔】工具画拉链头，放到合适的位置。

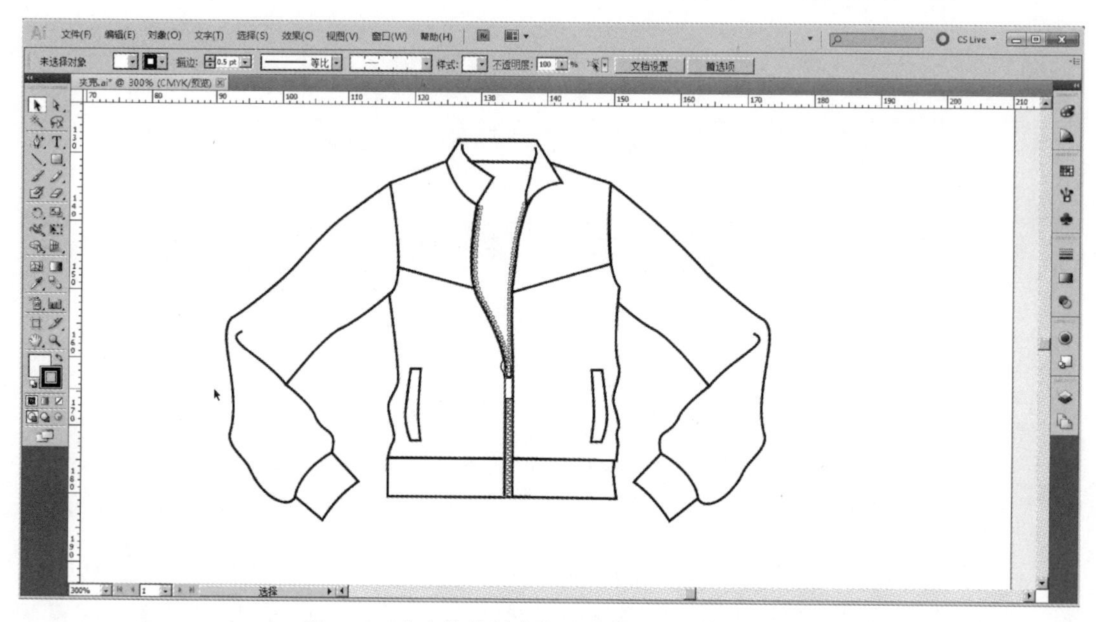

图5-30 夹克的绘制步骤（线稿）——第十二步

13.第十三步（图5-31）

画虚线作为缝迹线，先画出一条短的水平直线，点击【复制】→【粘贴】成一条虚线线段，【群组】。定义为图案画笔，在需要的部位应用。

也可以用直线画好线迹，点击【描边】→【虚线】，完成虚线的绘制。

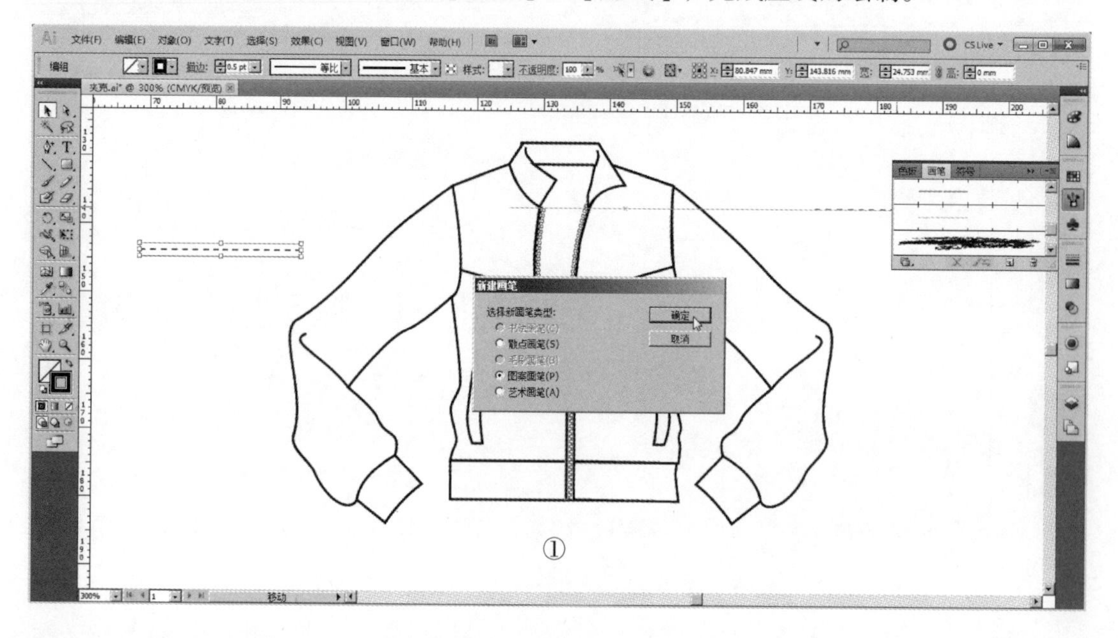

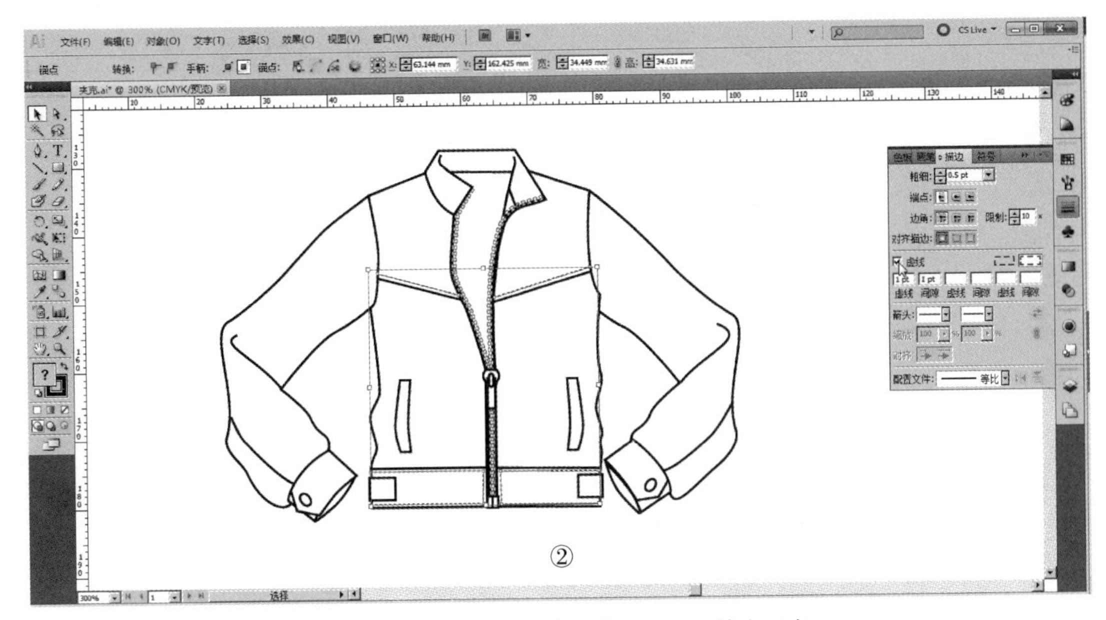

图5-31 夹克的绘制步骤（线稿）——第十三步

14.**第十四步**（图5-32）

复制全部图形，删除内结构线，绘制夹克的背视图，【群组】，线稿完成。

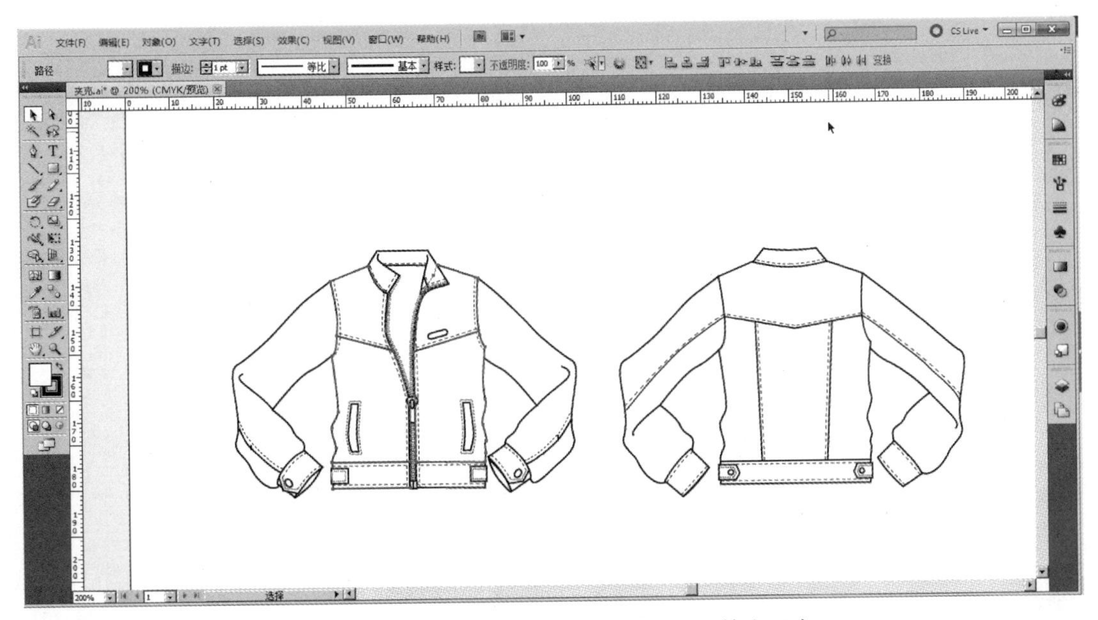

图5-32 夹克的绘制步骤（彩色稿）——第十四步

（二）夹克的绘制步骤——彩色稿

1.**第一步**（图5-33）

将画好的线稿【解散群组】，点选同色的部位【群组】。

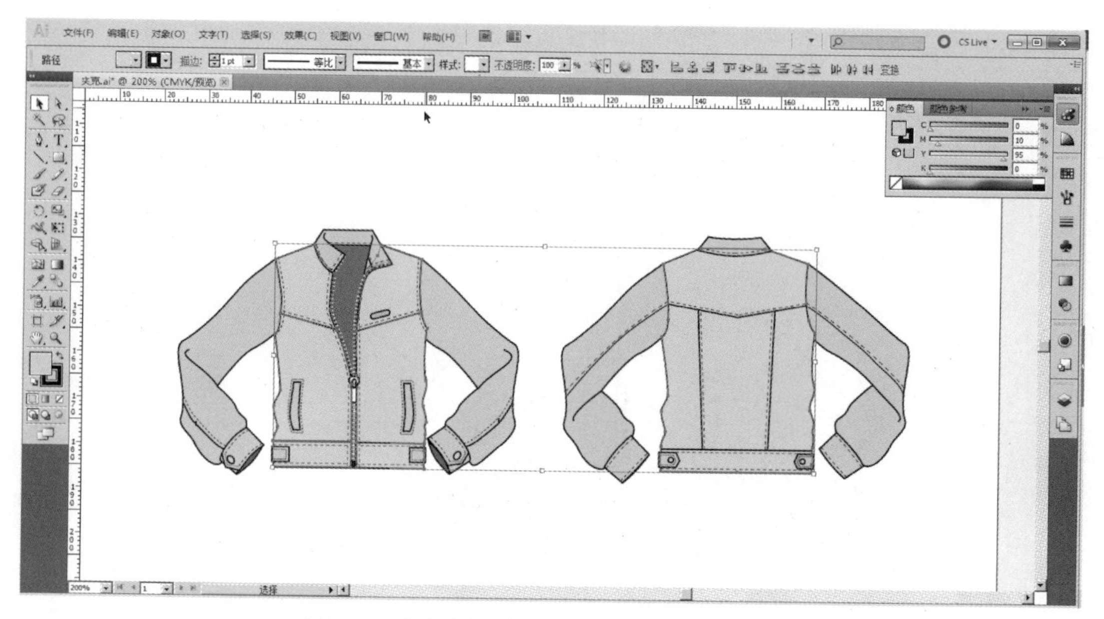

图5-33 夹克的绘制步骤（彩色稿）——第一步

2.第二步（图5-34）

选择【选择工具】，按住【Shift】键，点选需要填同一颜色的部分，选工具箱中的【油漆桶】或调色板，选择合适的颜色填充。重复第一步、第二步，按设计要求完成颜色填充。

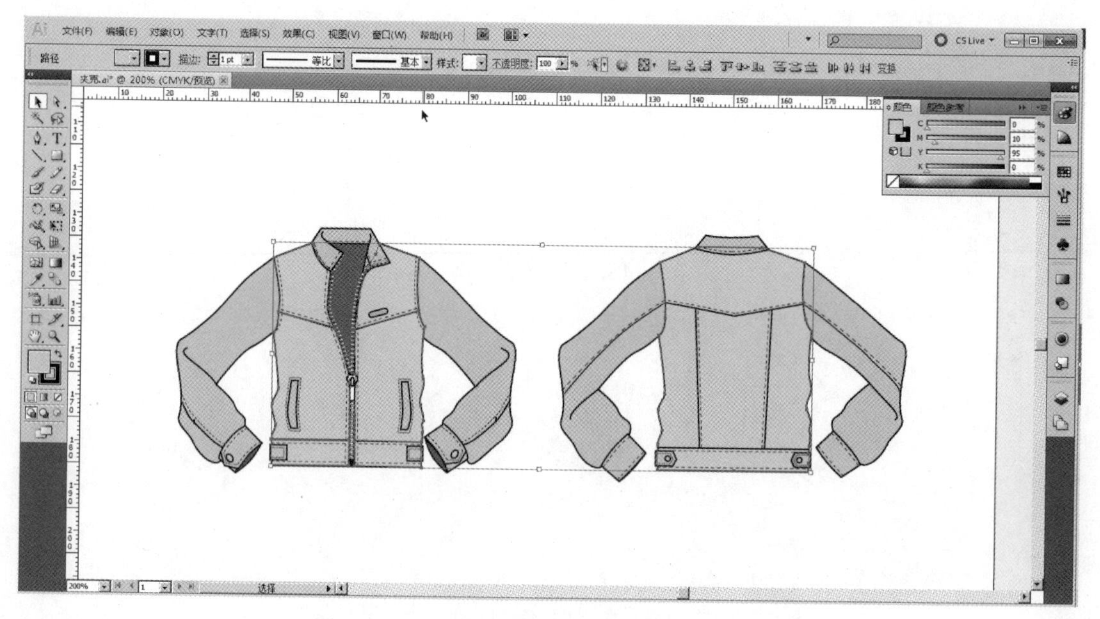

图5-34 夹克的绘制步骤（线稿）——第二步

3.第三步（图5-35）

整理细节，花纹图案可以在【窗口】→【色板库】→【图案】中寻找适合的纹样。全选图形，执行【编组】命令，完成。

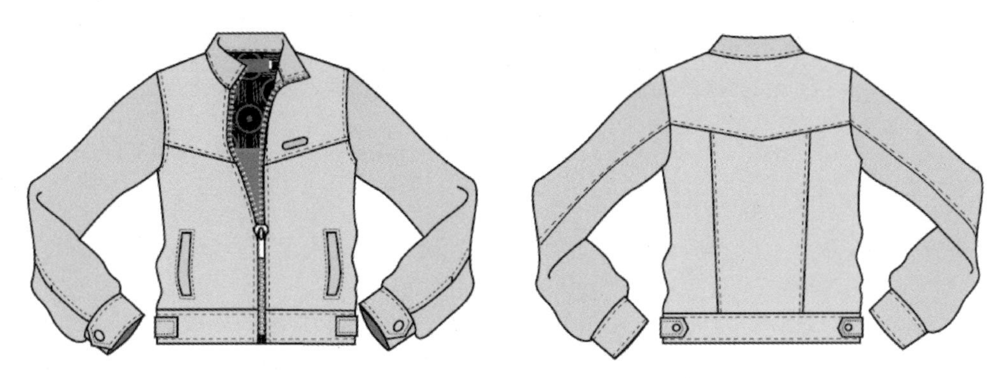

图5-35　夹克的绘制步骤（彩色稿）——第三步

（三）连衣裙的绘制步骤——人体模板的应用

1.第一步

将绘好的人体图稿输入电脑，【保存】。

2.第二步（图5-36）

点击【文件】→【打开】，找到储存的图稿打开。

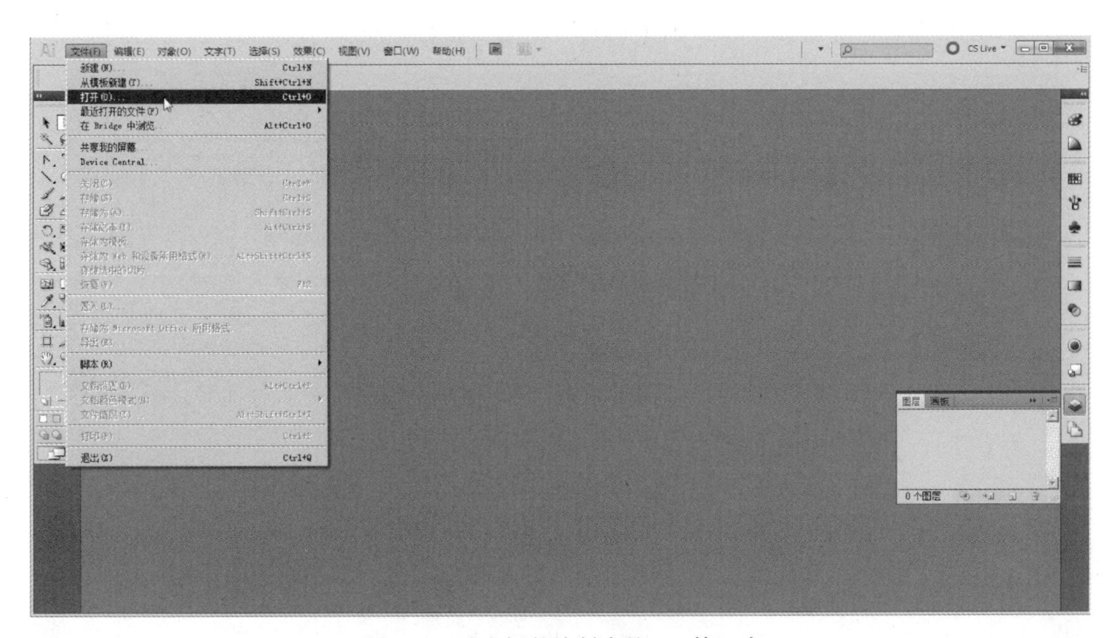

图5-36　连衣裙的绘制步骤——第二步

3.第三步（图5-37）

在页面上点击，在【属性栏】上选择【实时描摹】，出现提示框点击【确定】。将阈值调大，按【Ehter】键。然后点击【扩展】并调整图片的大小比例。

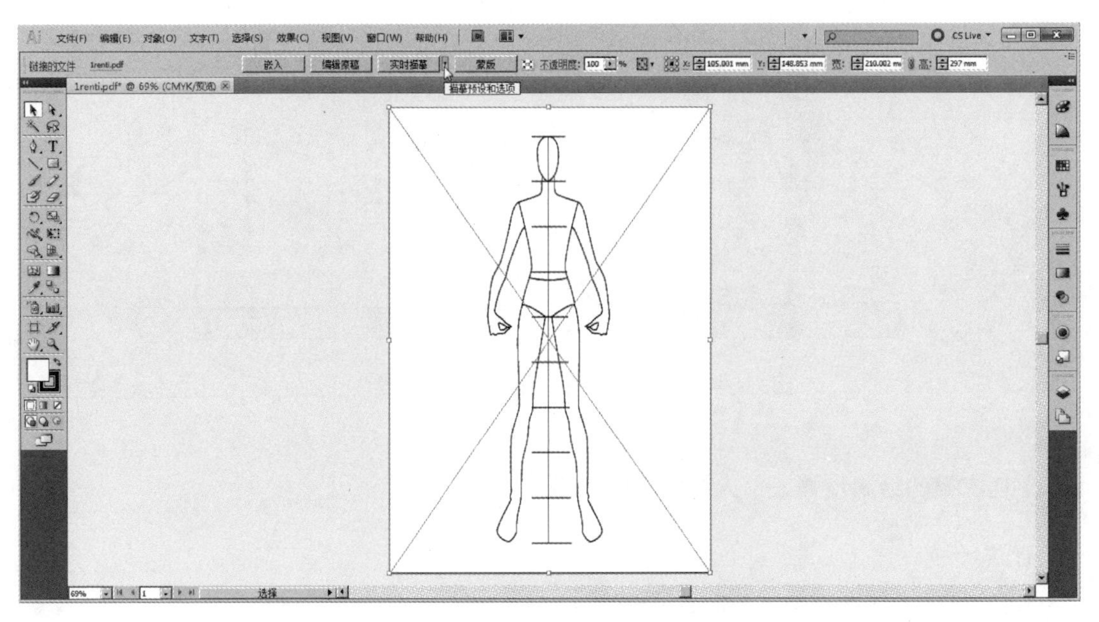

图5-37　连衣裙的绘制步骤——第三步

4.**第四步**（图5-38）

选中图形，打开【外观】，双击【不透明度】，在对话框里将不透明度调整为50%。

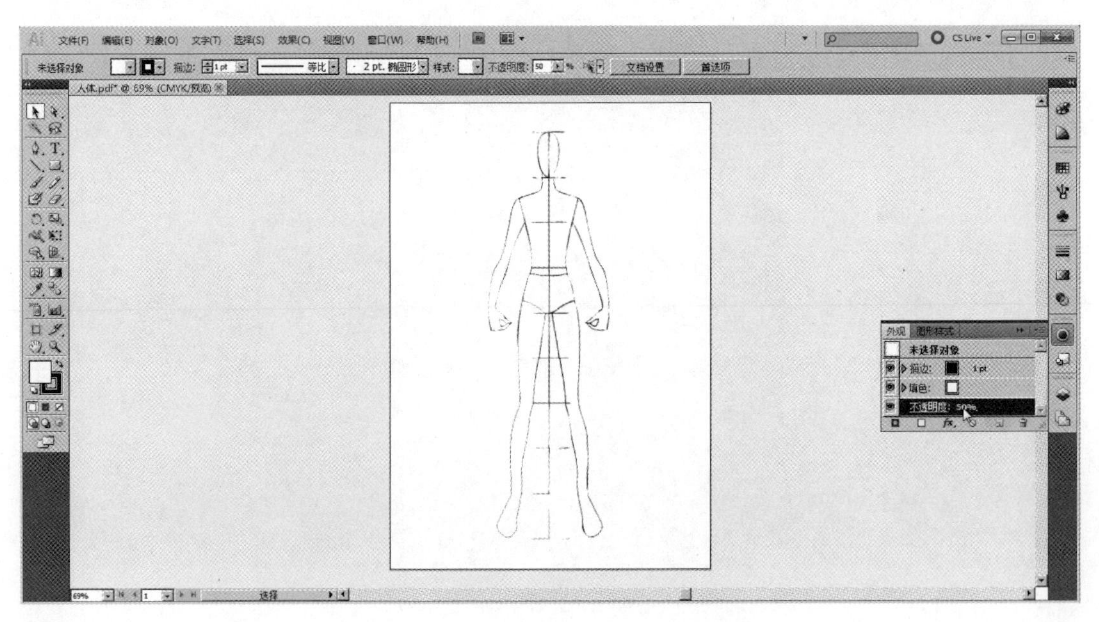

图5-38　连衣裙的绘制步骤——第四步

5.**第五步**（图5-39）

打开【图层面板】，将图层1锁定并新建一个图层，重新命名为连衣裙线稿。设置描边颜色为红色，线条的粗细设定为1PT，并将填充色设置为无色。

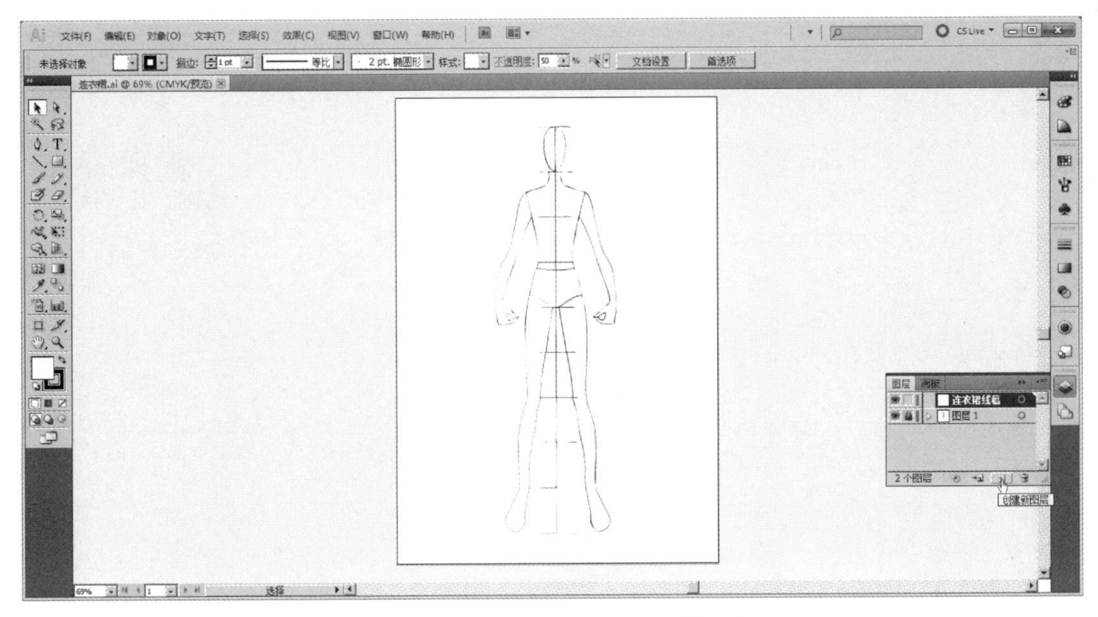

图5-39　连衣裙的绘制步骤——第五步

6.**第六步**（图5-40）

在连衣裙线稿图层中，依照人体用【钢笔】工具画出连衣裙的轮廓，从领部开始，画肩部线条，然后画袖子，再大身，至下摆底边，回到领部形成封闭空间。在工具栏中点击【直接选择】工具，对节点进行调整。注意服装要“穿”在人体上，同时要留有活动量。注意各部分的排列关系，可以试着填色确认，直到完成线稿的绘制。

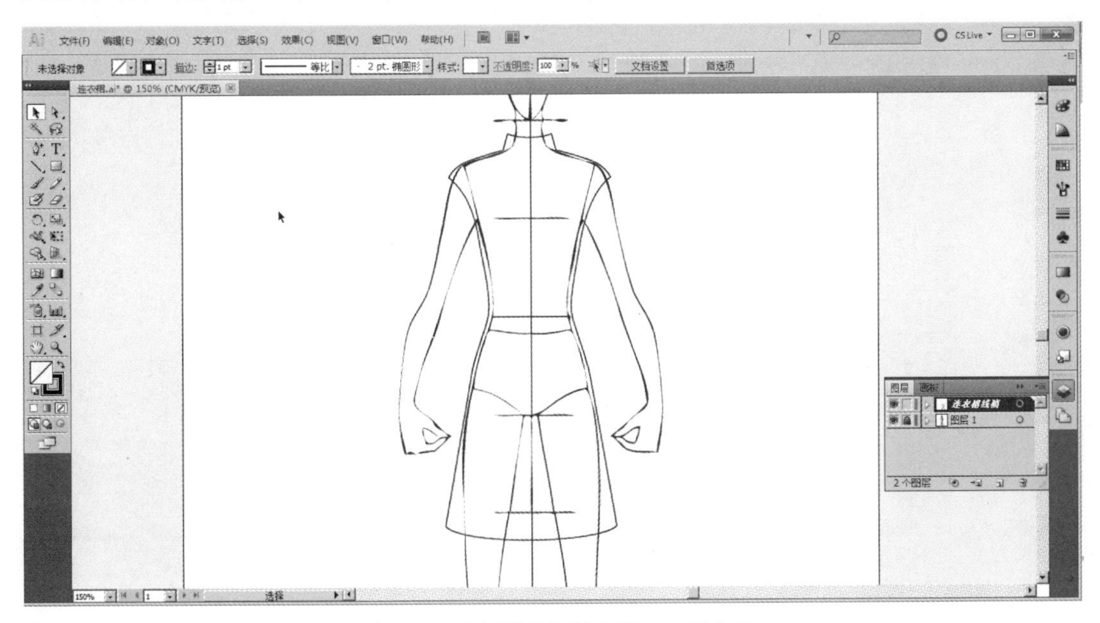

图5-40　连衣裙的绘制步骤——第六步

7.**第七步**（图5-41）

注意各部分的排列关系，可以试着填色确认，直到完成线稿的绘制。

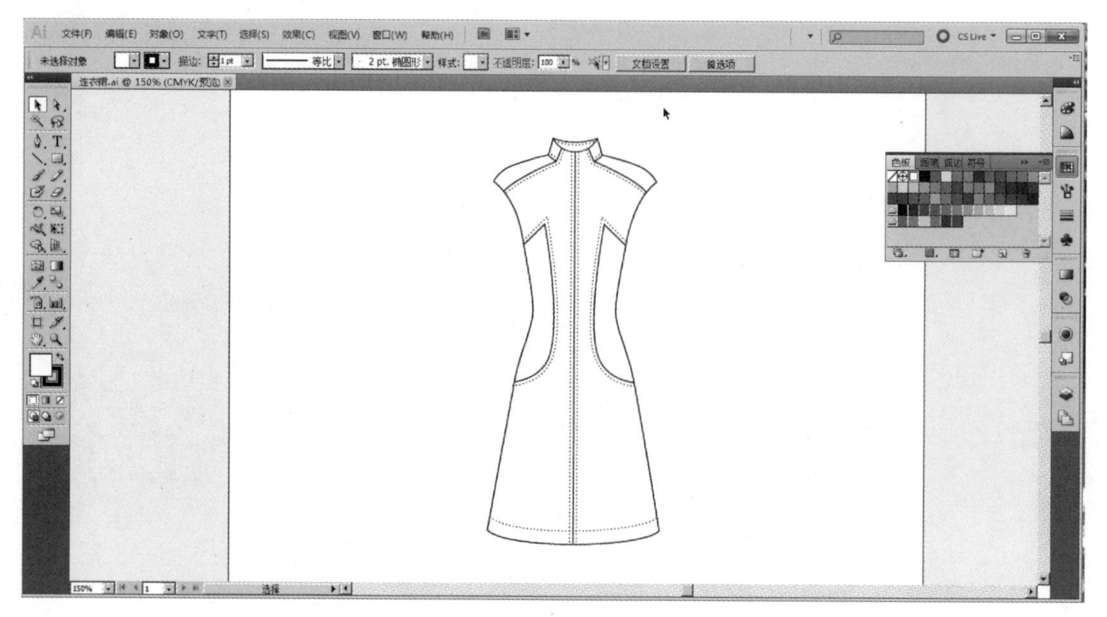

图5-41　连衣裙的绘制步骤——第七步

8.第八步（**图5-42**）

全选内结构线，【编组】，移出衣片，新建图层，将内结构线复制，命名为内结构线图层。

图5-42　连衣裙的绘制步骤——第八步

9.第九步（**图5-43**）

制作图案，将图案【群组】后直接拖到【色板浮动面板】中，定义图案。

图5-43 连衣裙的绘制步骤——第九步

10.**第十步**（图5-44）

复制轮廓线，绘制结构线，重复以上步骤，绘制连衣裙后片。选中前后衣片，应用图案。将结构线移动到衣身相应位置。

图5-44 连衣裙的绘制步骤——第十步

11.**第十一步**（图5-45）

【全选】图形并【群组】，执行【效果】→【风格化】→【投影】命令，【群组】完成。

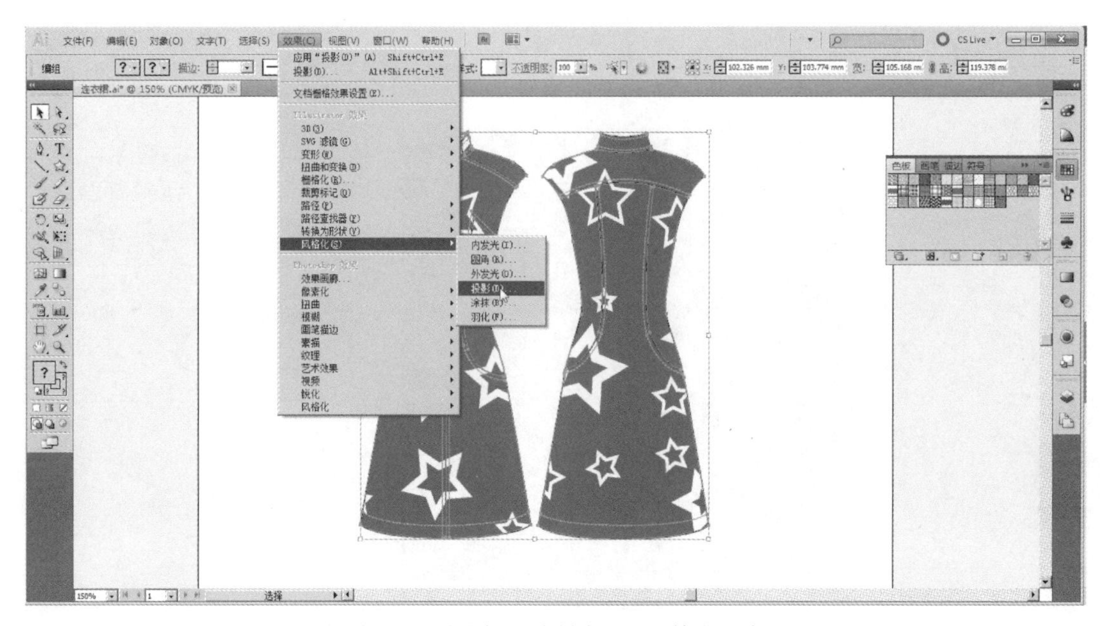

图5-45 连衣裙的绘制步骤——第十一步

12.**第十二步**（图5-46）

【编组】，整理完成。

图5-46 连衣裙的绘制步骤——第十二步

本章小结：

本章主要讲授了用CorelDRAW、Illustrator CS软件进行款式图绘制的方法步骤，这两款软件是实际工作中绘制款式图应用最广的软件。在学习过程中要多实践。在熟练掌握绘制方法后，可以多运用快捷键加快绘制的速度，提高工作效率。

学习重点：

本章的学习重点是CorelDRAW、Illustrator CS软件工具的使用方法。

思考题：

1. 如何用CorelDRAW绘制毛针织服装款式图。
2. 如何用Adobe Illustrator CS 绘制毛皮服装款式图。
3. 说明CorelDRAW、Adobe Illustrator CS两款软件的不同。

第六章
服装画作品赏析

课题名称： 服装画作品赏析

课题内容： 服装画作品赏析

课题时间： 4课时

教学目的： 通过对不同材料、不同风格、不同形式服装画的分析研究，进一步认识服装画的不同功能和目的，了解不同材料的表现技法，尝试不同风格的表现方法，掌握更多的表现形式。

教学方式： 观赏和分析。

教学要求： 结合PPT观赏分析讨论。

作业布置： 分析讨论以及课后临摹练习。

服装画既是进行服装设计的图纸，又是设计师个人风格的体现，不同的服装类型、不同的绘画材料和表现技法使服装画呈现出异彩纷呈的表现效果。本章搜集和整理了部分优秀的服装画作品（图6–1～图6–22），并对使用材料进行了说明，希望能在欣赏的同时带给大家服装画创作的灵感和启发。

图6–1　服装画作品赏析1　作者：吕钊（材料：素描纸、水粉、炭笔）

图6–2　服装画作品赏析2　作者：吕钊（材料：素描纸、水粉）

图6-3　服装画作品赏析3　作者：吕钊（材料：水彩纸、水粉、色粉）

图6–4　服装画作品赏析4　作者：吕钊（材料：白板纸、色粉）

图6-5 服装画作品赏析5 作者：吕钊（材料：灰板纸、水粉、铅笔）

图6-6　服装画作品赏析6　作者：王平（材料：绘图纸、水粉）

图6-7　服装画作品赏析7　作者：李锐（材料：色板纸、炭笔、水粉）

图6–8　服装画作品赏析8　作者：郭沛沛（材料：色板纸、绘画纸、勾线笔、彩色铅笔）

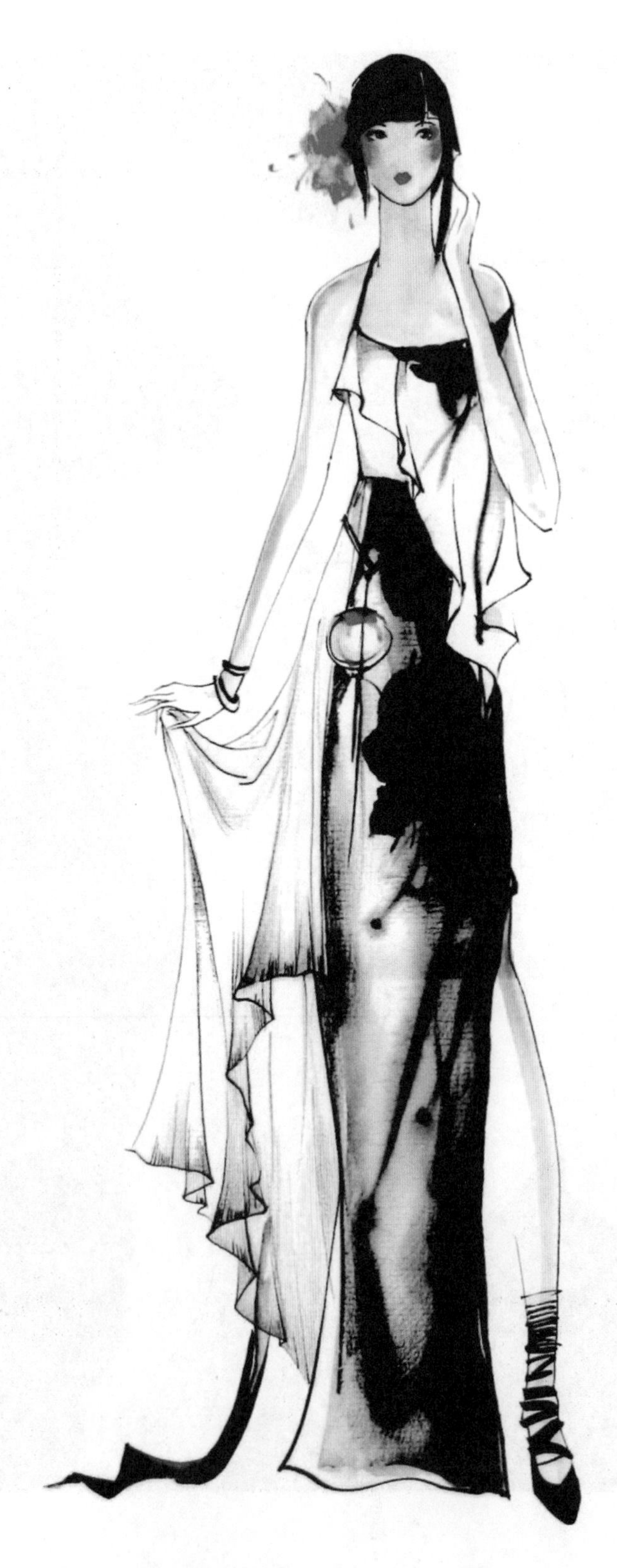

图6-9　服装画作品赏析9　作者：许凡（材料：水彩纸、水彩、国画颜料）

图6–10　服装画作品赏析10　作者：张钰（材料：灰板纸、水彩、胶水、珠片）

图6-11　服装画作品赏析11　作者：王慧（材料：色卡纸、水粉）

图6-12 服装画作品赏析12 作者：冯阳（材料：卡纸、钢笔）

图6–13　服装画作品赏析13　作者：杨旭东（材料：炭笔、水粉、计算机处理）

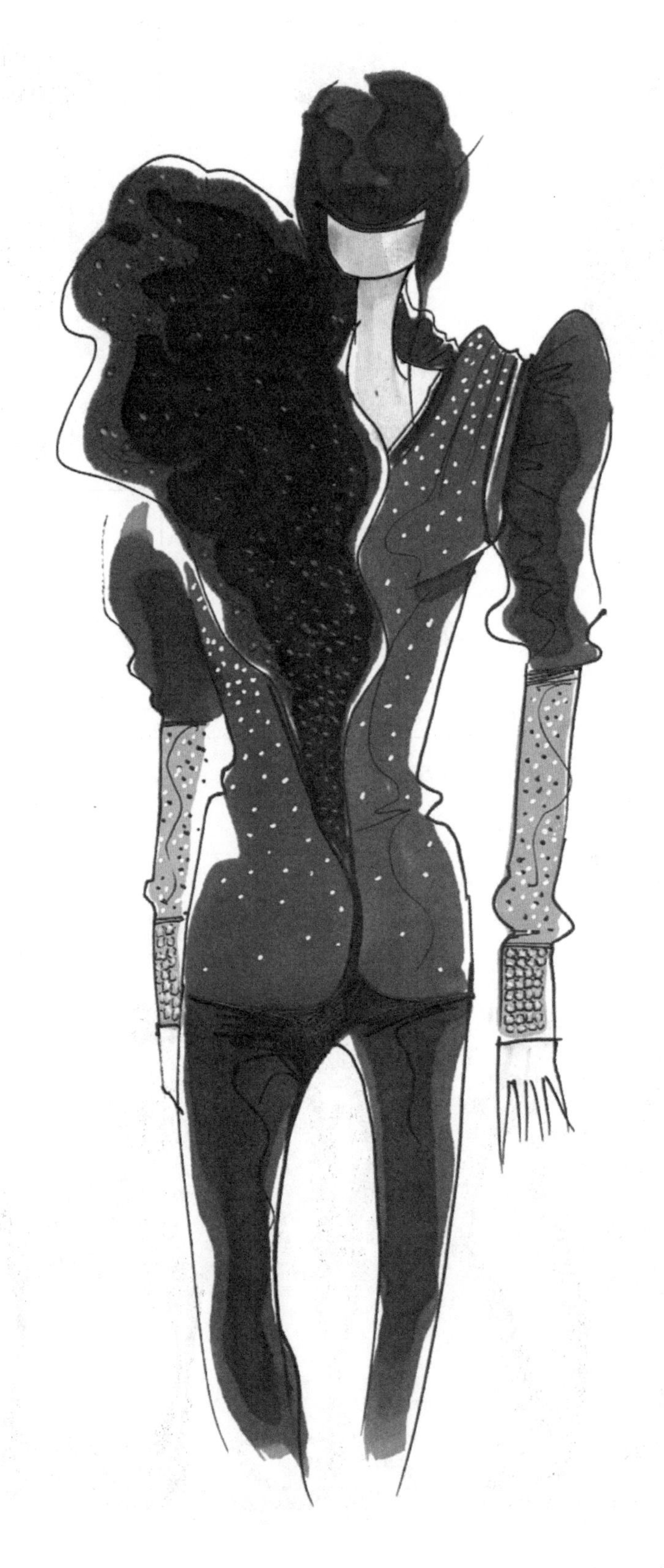

图6-14　服装画作品赏析14　作者：田宝华（材料：绘图纸、签字笔、水粉）

图6-15　服装画作品赏析15　作者：吴佳耕（材料：签字笔、铅笔、水粉、PS处理）

图6-16　服装画作品赏析16　作者：黄斌（材料：签字笔、水粉、彩色铅笔、PS处理）

图6–17　服装画作品赏析17　作者：史海亮（材料：绘图纸、水粉、彩色铅笔）

图6-18 服装画作品赏析18 作者：刘玥（材料：白卡纸、钢笔）

图6–19　服装画作品赏析19　作者：吕钊（材料：水彩纸、水彩、炭笔、色粉）

图6-20　服装画作品赏析20　作者：王平（材料：白卡纸、水粉、勾线笔）

图6–21　服装画作品赏析21　作者：熊诗刚（材料：灰卡纸、水粉、勾线笔）

图6-22　服装画作品赏析22　作者：孟丽萍（材料：卡纸、马克笔、勾线笔）

参考文献

[1] 今日国际时装插画艺术［M］. 王耀，朱红，译. 南京：江苏美术出版社，1991.

[2] 刘元风. 服装人体与服装画［M］. 北京：高等教育出版社，1997.

[3] 矢岛功. 矢岛功服装画技法［M］. 许旭兵，译. 南昌：江西美术出版社，2001.

[4] 王宏付. Photoshop辅助服装设计［M］. 2版. 上海：东华大学出版社，2008.

[5] 陶音，陶宁. 时装设计效果图精解［M］. 杭州：浙江人民美术出版社，2003.